Burckhard Mönter · Norbert Golluch · Thomas Thiemeyer

Das große Buch von Himmel und Erde

Ravensburger Buchverlag

Die Deutsche Bibliothek – CIP-Einheitsaufnahme

Ein Titeldatensatz für diese Publikation ist bei
Der Deutschen Bibliothek erhältlich

3 2 1 02 01 00

Illustrationen: Thomas Thiemeyer
Umschlaggestaltung: Dirk Lieb
unter Verwendung einer Illustration von Thomas Thiemeyer
Redaktion: Sabine Zürn

Bildnachweis:
Seiten 71 M, 75 u: Bildarchiv Preußischer Kulturbesitz, Berlin
Seite 49 u: Riesmuseum, Nördlingen
Alle übrigen Fotos: Bildagentur Astrofoto, Solingen

Printed in Germany
ISBN 3-473-35460-0

Inhalt

Die Erde entsteht

Unsere Erde vom Weltraum aus gesehen, im Vordergrund Afrika

Vom Weltall aus betrachtet ist die Erde eine blauweiße Kugel, die zu fast drei Vierteln mit Wasser bedeckt ist. Sie hat einen Durchmesser von 12 756 Kilometern. Eiskappen bedecken die Pole. Auf den fünf großen Landmassen, den Kontinenten, leben über 6 Milliarden Menschen und zahllose Tier- und Pflanzenarten. Kurz nach ihrer Entstehung vor etwa 4 Milliarden Jahren war die Erde nicht der blaue Planet. Sie kreiste als eine kalte, tote Kugel aus Gestein um die Sonne, die kurz vor ihr entstanden war. Es gab weder Wasser noch eine Lufthülle. Mit der Urerde bewegten sich unzählige Kometen und Gesteinsbrocken durch das Weltall. Immer wieder kam es zu Zusammenstößen. Dadurch entstand Energie, die das Erdinnere allmählich bis zur Weißglut erhitzte und verflüssigte.

DIE ERDE

Durchmesser am Äquator:	**12 756 Kilometer**
Masse:	**$5{,}977 \times 10^{24}$**
Mittlere Dichte:	**5,514 Gramm/Kubikmeter**
Länge des Tages:	**24 Stunden**
Atmosphäre (Hauptbestandteil):	**Stickstoff**
Anzahl der Monde:	**1**
Bahngeschwindigkeit:	**29,8 Kilometer/Sekunde**
Mittlere Entfernung von der Sonne:	**149,60 Millionen Kilometer**
Länge eines Jahres:	**365,26 Tage**

Die Metalle und Gesteine schmolzen bei dem enormen Temperaturanstieg. Wie in einem Atomreaktor zerfielen die radioaktiven Elemente Uran und Thorium. Auch dabei wurde Energie freigesetzt und bald war die Erde ein riesiger glühender Ball. Nur eine dünne Schicht der Oberfläche kühlte sich langsam ab und erstarrte.

Die Urerde – ihre Kruste beginnt zu erstarren

Während der Planet die Hitze in seinem Inneren abstrahlte, schrumpfte seine Hülle und platzte dabei an vielen Stellen auf. Wegen der großen Temperaturunterschiede im Inneren der Urerde, stiegen heiße Gesteinsströme (Magma) zur Oberfläche empor. Dabei kühlte sich die glutflüssige Masse langsam ab. Unter dem Druck des Magmas gab der noch dünne Erdmantel an schwachen Stellen nach, das Magma brach durch Risse und Schlote hervor. Vulkane entstanden, die geschmolzenes Gestein herausschleuderten. Auch das erste Wasser des Planeten Erde stieg als Dampf aus den Vulkanschloten auf. In der dünnen Gashülle kühlte der Wasserdampf ab und verflüssigte sich zu Tropfen. Wolken bildeten sich, es begann zu regnen.

Meteoriteneinschläge und Vulkane auf der noch jungen Erde

Dann ging der Urregen nieder, ein unvorstellbarer, jahrtausendelanger Wolkenbruch, von Blitzen und Donner begleitet. Die Regentropfen verdampften auf dem noch heißen Gestein augenblicklich wieder – neue Nebel aus Wasserdampf bildeten sich, neuer Regen fiel herab. Ständig verdunkelten dicke Wolken den Himmel. Erst als sich das Gestein der Erdkruste genügend abgekühlt hatte, entstanden in den Senken und Vertiefungen der Urlandschaft heiße Pfützen, Wasserbecken und Kraterseen. Schließlich bedeckte der Urozean fast die ganze Oberfläche der noch jungen Erde.

Der Urregen – gewaltige Gewitter entladen sich

Durch Abkühlung und Vulkanismus kam es zu Verschiebungen der Erdkruste und zur Bildung der Kontinentalplatten. Bei gewaltigen, zum Teil auch unterseeischen Magmaausbrüchen und Erdbeben hoben sich die Landmassen aus dem Urmeer hervor. In einem Zeitraum von etwa 2 Milliarden Jahren hatte die Erde nahezu ihr heutiges Gesicht bekommen. Zu dieser Zeit bildeten sich auch die wichtigsten Gase der Lufthülle: Stickstoff und Kohlendioxid. Die Gase, welche die Lava aus dem Erdinneren mit an die Oberfläche brachte, ließen die erste, einfache Atmosphärenhülle des jungen Planeten Erde entstehen.

Das Urmeer entsteht

Die Atmosphäre der Erde

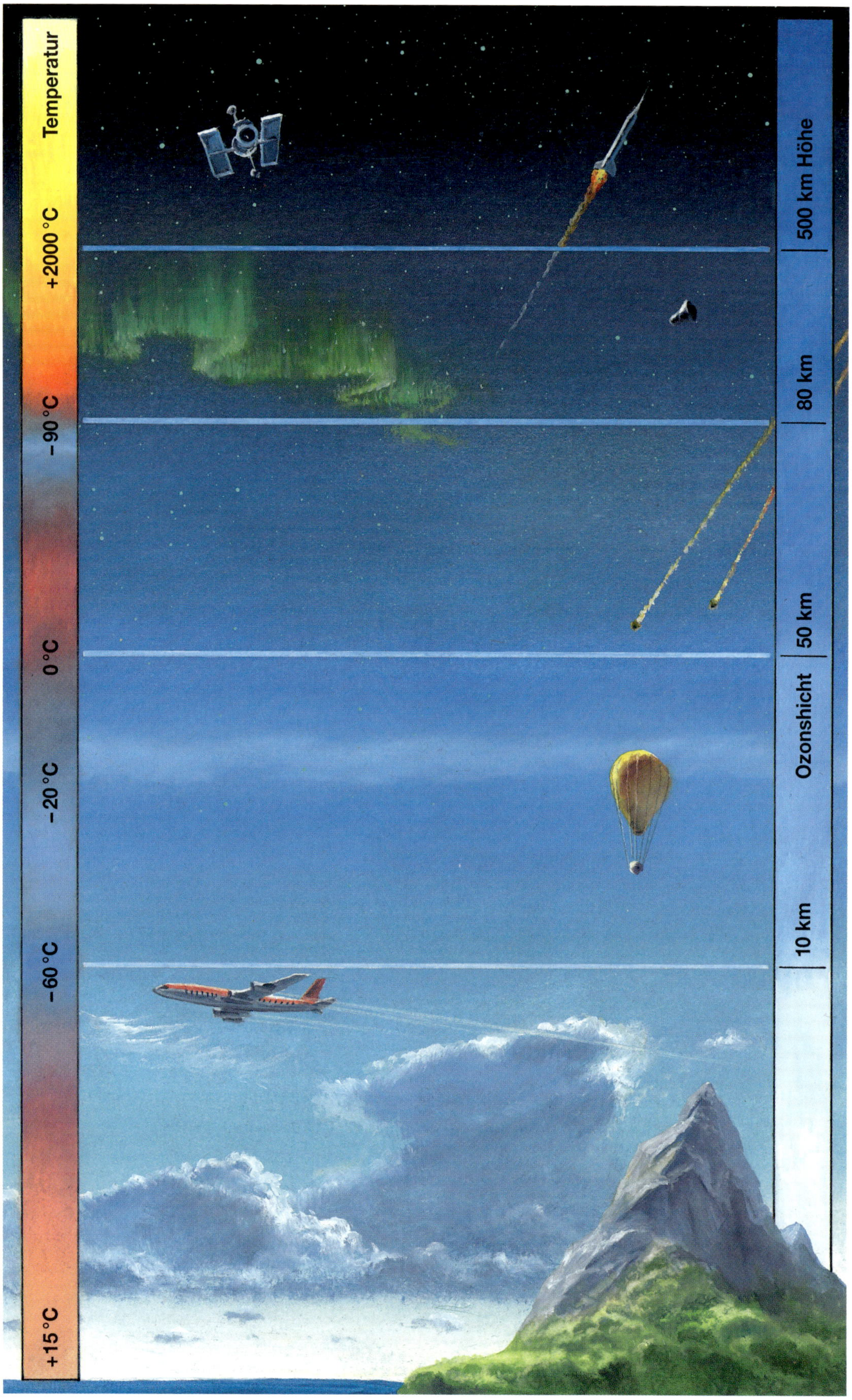

Der Schichtenaufbau der Erdatmosphäre

Wir leben auf dem Grund eines Meeres – eines Ozeans aus Luft. Die höchsten Berge der Erde erreichen eine Höhe von fast 9 Kilometer. Dort oben ist die Luft zum Atmen aber zu dünn, denn der Luftdruck nimmt mit zunehmender Höhe ab. Etwa bis zu einer Höhe von 9 bis 11 Kilometer reicht das untere, dichte „Stockwerk“ der Atmosphäre, die so genannte *Troposphäre*. Sie beeinflusst entscheidend unser Leben, denn sie ist die Wetterküche der Erde. Die Temperatur der Luft sinkt mit steigender Höhe und fällt an der Obergrenze der Troposphäre auf etwa –50 °C ab. In noch größerer Höhe bleibt die Temperatur zunächst unverändert. Das nächste Stockwerk der Luft, die *Stratosphäre*, reicht hinauf bis etwa 50 Kilometer Höhe. Hier fängt das Ozon gefährliche Sonnenstrahlen ab und wandelt sie in Wärme um. Deshalb steigt die Temperatur auf 90 °C an. Die darüber liegende *Mesosphäre* erstreckt sich bis in 80 Kilometer Höhe und zeigt eine deutliche Temperaturabnahme bis auf –80 °C. Bis hierher dringen die Meteore aus dem Weltall in die Lufthülle ein, werden abgebremst und verglühen. In der *Thermosphäre* darüber steigt die Temperatur auf 1500 bis 2000 °C an. Hier beginnen die Hitzeschilde der Raumschiffe zu glühen, wenn sie auf der Rückkehr zur Erde wieder in die Atmosphäre eintauchen. Winzige Teilchen aus dem Weltall erzeugen die faszinierenden Polarlichter. Die nächste Schicht ist elektrisch geladen und wird als *Ionosphäre* bezeichnet. Oberhalb von 500 Kilometer Höhe geht die Atmosphäre allmählich in den luftleeren Weltraum über. In dieser *Exosphäre* umkreisen die meisten Satelliten die Erde.

Die Atmosphäre – nur eine dünne Haut

Dicke der Lufthülle

Die Lufthülle der Erde ist nur ein dünner Saum. Mit etwa 500 Kilometer Höhe beträgt sie nur ein Fünfundzwanzigstel des Erddurchmessers (12 000 Kilometer). Drei Viertel der gesamten Luftmasse umhüllen die Erde bis zu einer Höhe von nur 9 Kilometer. In diesem hauchdünnen Film aus Luft spielen sich Klima und Wetter ab.

Wie Wolken entstehen

Die Strahlen der Sonne lassen – vor allem über den Ozeanen – das Wasser verdampfen. Der Dampf steigt auf, gelangt in höhere und damit kältere Luftschichten, verdichtet sich zu feinen Tröpfchen und bildet Wolken. Als Regen fällt das Wasser wieder herab, bildet Bäche, Flüsse und Grundwasser und fließt in die Ozeane zurück.

Wolken – Teil des Wasserkreislaufs

Wärmeabstrahlung bei klarem Himmel

Der Wärmeschutzschild der Erde

Das auf die Erde treffende Sonnenlicht wird am Boden in Wärme umgewandelt und zu einem großen Teil wieder abgestrahlt. Sie ginge der Erde verloren, wenn die Atmosphäre diese Strahlung nicht zurückhalten würde. Eine Barriere für die Wärmestrahlen stellen die Wolken dar, sie werfen die Strahlung zum Boden zurück. Die Folge: In bedeckten Nächten wird es weit weniger kalt als bei klarem Himmel. Dass die Erde bei sternklarem Himmel nicht auskühlt, liegt an der besonderen Zusammensetzung der Atmosphäre. Bestimmte Gase haben die gleiche Wirkung wie Glas bei einem Treibhaus. Das Sonnenlicht wird durchgelassen und verwandelt sich in Wärmeenergie.

Eine Wolkendecke hält Wärme zurück

Dieser Schutzschildeffekt ist für das Leben auf der Erde von besonderer Bedeutung. Ohne ihn wäre es durchschnittlich 18 °C kälter und alles Wasser wäre zu Eis erstarrt. Leben in der heutigen Form wäre überhaupt nicht möglich. Doch die Wärme speichernde Wirkung der Lufthülle beginnt zu einer Gefahr zu werden. Gase wie Kohlendioxid und Methan verstärken den natürlichen Schutzschild unseres Planeten. Man nennt dies den *Treibhauseffekt*. Wissenschaftler befürchten, dass sich die Lufthülle der Erde übermäßig erwärmt, die Eiskappen der Pole abzuschmelzen beginnen und sich das Klima weltweit verändert. Wüsten werden entstehen, Tier- und Pflanzenarten werden aussterben und Katastrophen drohen.

Sauerstoff steigt aus dem Urmeer auf

Die Entstehung der Lufthülle

Die Uratmosphäre war ein giftiges Gemisch aus Gasen, die zu einem großen Teil bei den ununterbrochenen Vulkanausbrüchen mit dem heißen Magma aus der Erde entwichen. Das Leben, das sich vor 4 Milliarden Jahren entwickelte, veränderte diese Atmosphäre. Einzeller wie die Blaualgen bildeten in den Urozeanen mit Hilfe des Sonnenlichts aus Kohlendioxid und Wasser Stärke und Zucker, von denen sie lebten. Als „Abfallstoff" fiel dabei Sauerstoff an. Er sammelte sich im Wasser an, während sich in den Meeren immer weitere Lebensformen entwickelten. Aber es sollte noch sehr lange dauern, bis das Leben aus den Ozeanen auftauchte und das feste Land der Kontinente eroberte.

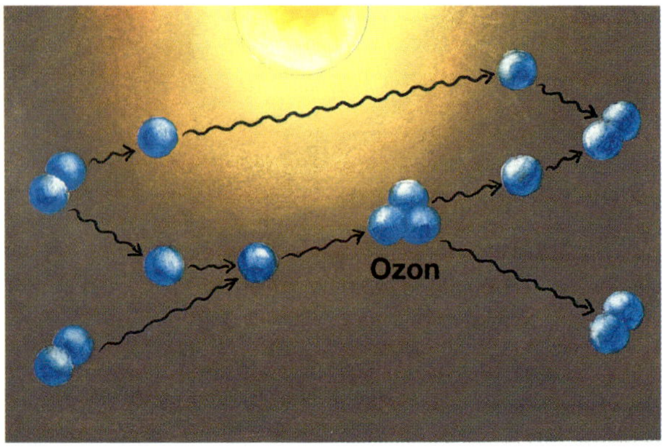

Aus Sauerstoff bildet sich im Sonnenlicht Ozon

Denn die Strahlung der Sonne war sehr stark. Sie sorgte zwar für Wärme und Licht, enthielt aber gleichzeitig auch harte ultraviolette Strahlen. Diese zerstörten die Zellen von Lebewesen. Das Wasser konnte die Lebewesen im Meer vor dieser tödlichen Strahlung schützen, während das Leben an Land aus diesem Grund noch nicht möglich war.

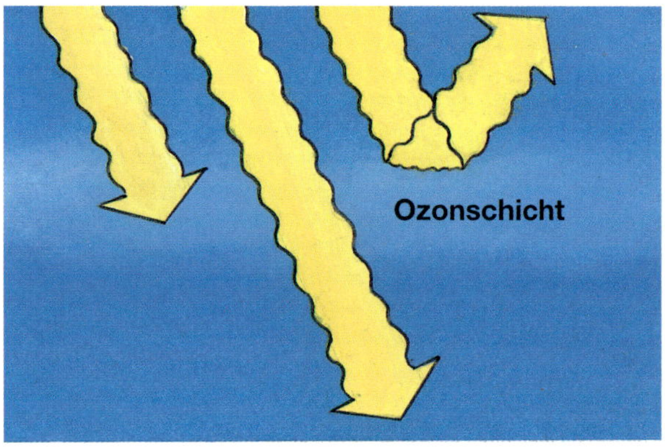

Die Ozonschicht hält schädliche Strahlung ab

Nachdem der Sauerstoff aus den Meeren allmählich auch in die Atmosphäre übergegangen war, wurde er in den höheren Schichten der Lufthülle durch die ultraviolette Strahlung der Sonne verändert. Es bildete sich Ozon. Eine ganze Hülle aus Ozon umkleidete bald die Erde: die Ozonschicht. Sie war für die Entstehung des Lebens auf dem Land wichtig.

Unter dem Ozonschild erobert das Leben auch das Land

Ozon ist eine Form des Sauerstoffs mit besonderen Eigenschaften: In den oberen Schichten der Lufthülle „vernichtet" es die energiereiche UV-Strahlung der Sonne. Der größte Teil dieser schädlichen Strahlen erreicht deshalb den Erdboden nicht. Vor etwa 400 Millionen Jahren war der Schutzschirm aus Ozon so dicht, dass sich die ersten Pflanzen auf dem Land ausbreiten konnten, ohne von der UV-Strahlung verbrannt zu werden. Sie erzeugten neuen Sauerstoff. 100 Millionen Jahre später war genug Sauerstoff in der Atmosphäre vorhanden, dass sich auch Meerestiere zu Landbewohnern entwickeln konnten.

Das Magnetfeld der Erde

Das Magnetfeld, die *Magnetosphäre*, reicht viel weiter als die Lufthülle in den Weltraum hinaus. Es schützt die Erde vor den von dort kommenden elektrisch geladenen Teilchen. Insbesondere Partikel des *Sonnenwindes* (geladene Teilchen von der Sonne) werden durch das Magnetfeld auf den Nord- und den Südpol der Erde umgelenkt und regen dort die Teilchen der Lufthülle zum Leuchten an. Die farbigen Bänder der Polarlichter machen dies sichtbar. Außer diesem so genannten inneren **Van-Allen-Gürtel** in etwa 4000 Kilometer Höhe schützt uns ein zweiter äußerer Gürtel in 16 000 Kilometer Höhe vor den winzigen, aber energiereichen Partikeln aus dem Weltall. Er besteht vor allem aus negativ geladenen Teilchen.

Das Magnetfeld der Erde im Weltall

Die Klimazonen

Während die Sonnenstrahlen im Äquatorbereich nahezu senkrecht auf die Erde auftreffen, fallen sie in den Polargebieten schräg ein. Deshalb ist die aufgenommene Sonnenwärme an den Polen am geringsten und nimmt zum Äquator hin immer mehr zu. Die Erdoberfläche teilt sich dadurch in ringförmige *Klimazonen* ein. Der Äquatorbereich bildet die *tropische Zone* mit einer durchschnittlichen Temperatur von mehr als 25 °C. Daran schließen sich nach Norden und Süden die *subtropischen Zonen* an. In Europa leben wir in einer so genannten *gemäßigten Zone*, die im Bereich des Polarkreises in die *polare Zone* übergeht, wo die Temperatur nur selten den Gefrierpunkt erreicht.

Die Klimazonen der Erde

Das Wetter

Die Sonne ist die Ursache für die Wettererscheinungen in der Atmosphäre der Erde. Ihre Energie ist sozusagen der „Motor“ des Wetters. Durch die unterschiedlich starke Erwärmung der Luft in den Klimazonen entsteht *Wind*. Die Wärme der Sonne bringt das Wasser des Erdbodens, der Flüsse, Seen und Meere zum Verdunsten. Es bilden sich *Wolken*, aus denen es regnet. Bei kühleren Temperaturen entstehen aus dem Wasserdampf Eiskristalle, die als *Schnee* herabfallen. Wir leben von und mit der Energie der Sonne – und mit den Gefahren, die sie heraufbeschwören kann.

Schnee – ein Teil des Wasserkreislaufs

In bestimmten Gebieten der Erde kann an einem heißen Tag die Sonnenstrahlung so stark sein, dass sich ein Wirbelsturm aufbaut. Die Sonne hat den Erdboden oder das Wasser des Meeres so stark erwärmt, dass die darüber aufsteigende Luft einen starken Sog ausübt. Wie beim ablaufenden Wasser im Abfluss der Badewanne bildet sich ein Wirbel, nur dass die heiße Luft nach oben „abfließt“. Was in den gefährlichen Sog des *Tornados* kommt, wird zerstört: Bäume knicken ab, Häuser stürzen ein. Verwüstungen kennzeichnen den Weg des Sturms.

Ein Wirbelsturm (Tornado)

Leben auf dem Karussell

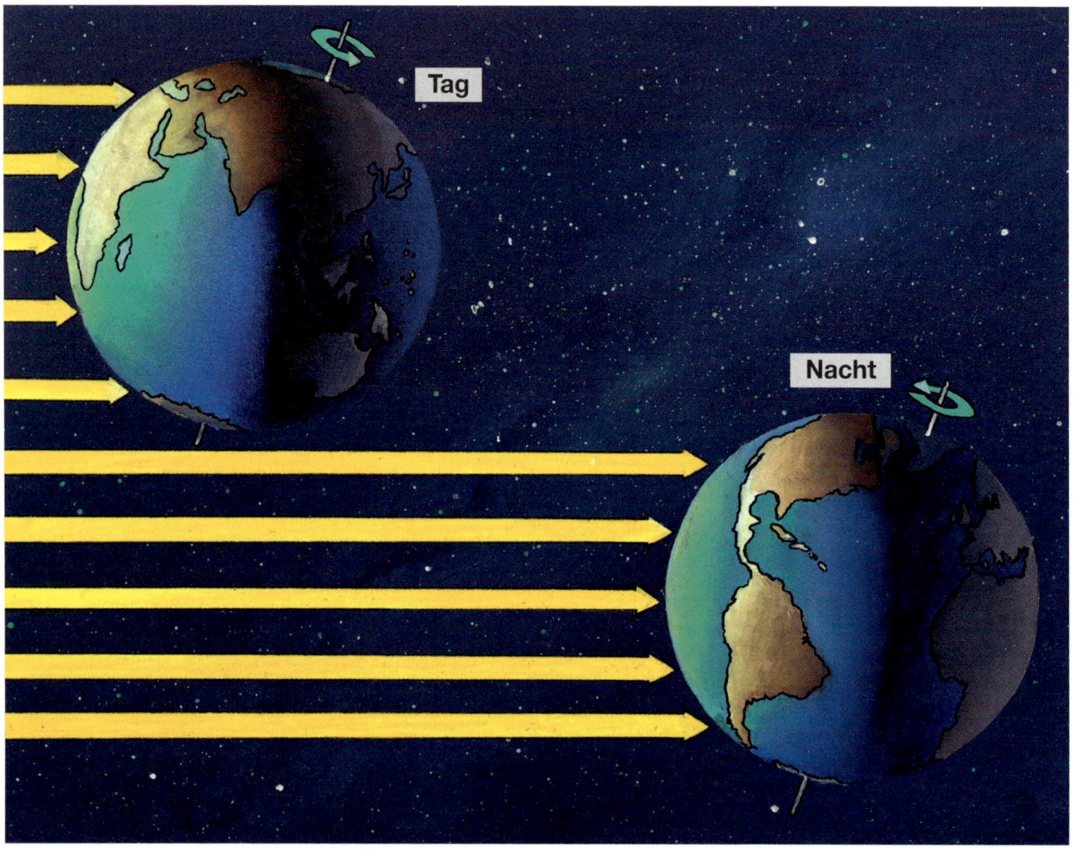

Tag und Nacht, bestimmt durch die Drehung der Erde

Die Tageszeiten
Wir spüren es zwar nicht und werden auch nicht schwindelig – doch genau genommen leben wir auf einem Karussell. Die Erde dreht sich im Lauf des Tages einmal um die eigene Achse und wir drehen uns mit. In Europa wirbeln wir mit ziemlich genau 1000 Kilometer in der Stunde um die Erdachse, am Äquator sind es fast 1700 Kilometer in der Stunde. Die Drehung der Erde um sich selbst bestimmt den Wechsel zwischen Tag und Nacht. An einem Ort auf der Erde, der gerade aus dem Schatten der Nachtseite heraustritt, geht die Sonne auf. Während sich die Erde weiterdreht, steigt die Sonne immer höher und erreicht mittags den höchsten Stand. Dann sinkt sie zum Horizont hinab und geht schließlich unter, um auf der gegenüberliegenden Seite der Erde aufzugehen.

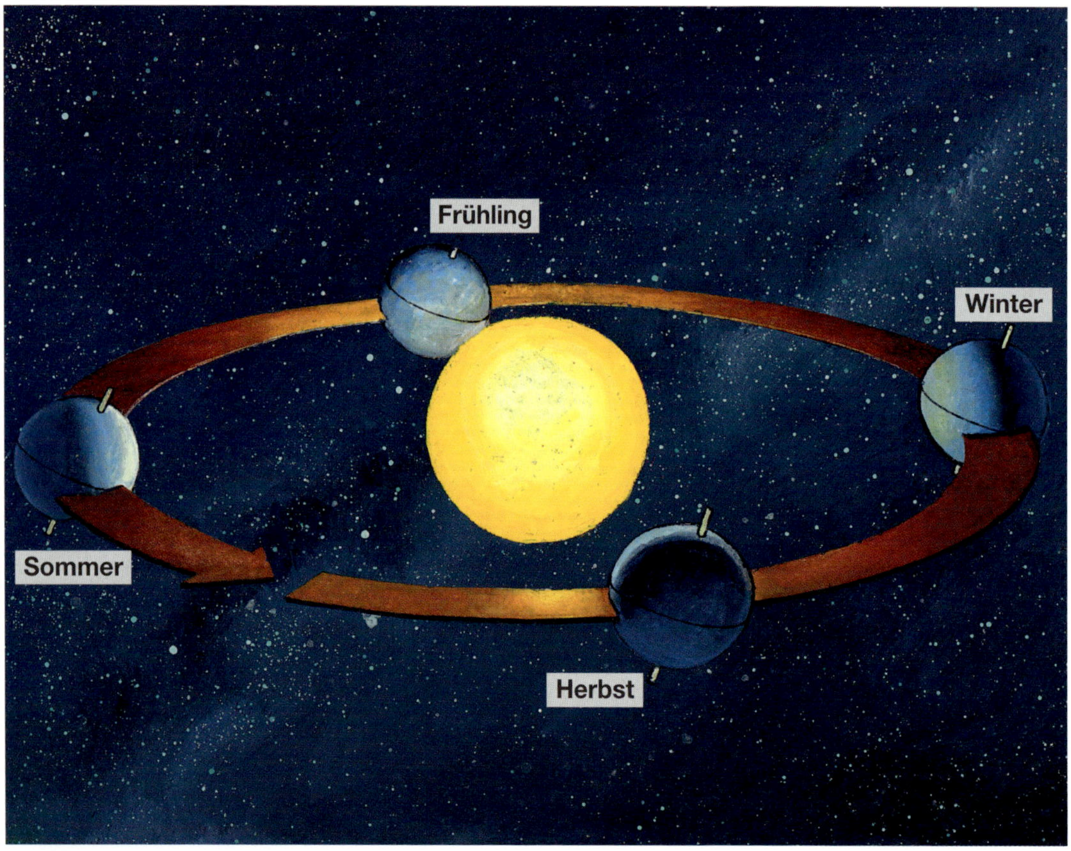

Die Entstehung der Jahreszeiten

Die Jahreszeiten
Die Erde dreht sich nicht nur um sich selbst, sie bewegt sich außerdem in einer Kreisbahn um die Sonne herum. Der Durchmesser der Erdbahn misst 300 Millionen Kilometer. Die Geschwindigkeit der Erde auf ihrer Bahn beträgt 30 Kilometer pro Sekunde oder 108 000 Kilometer pro Stunde. Für einen Umlauf um die Sonne benötigt die Erde gut 365 Tage, also ein Jahr. Diese Bewegung und die schief stehende Erdachse sind die Gründe dafür, dass es die Jahreszeiten gibt. Die Achse, um die sich die Erde dreht steht nämlich nicht senkrecht zu der Kreisbahn unseres Planeten um die Sonne. Wegen ihrer Eigendrehung verhält sich die Erde wie ein Kreisel. Die schräg stehende Drehachse behält ihre Richtung auch beim Lauf um die Sonne unverändert bei.

Leben auf dem Karussell

Die Sonnenuhr

Durch die Drehung der Erde um sich selbst verändern sich die Schatten, die das Sonnenlicht wirft. Morgens, wenn das Licht schräg einfällt, sind sie sehr lang. Je höher die Sonne steigt, desto kürzer werden die Schatten. Ein in den Boden gesteckter Stab war vermutlich der erste Zeitmesser in der Geschichte der Menschheit. Mit dem Lauf der Sonne über den Himmel ändert sich auch die Richtung des Schattens, den dieser Stab wirft. Markierungen auf dem Weg, den der Schatten des Stabes auf dem Boden beschreibt, zeigen die Tageszeit an. Bereits von den Ägyptern ist diese Art der Zeitmessung überliefert. Noch bis ins Mittelalter wurde die Zeit mit Hilfe von Sonnenuhren gemessen.

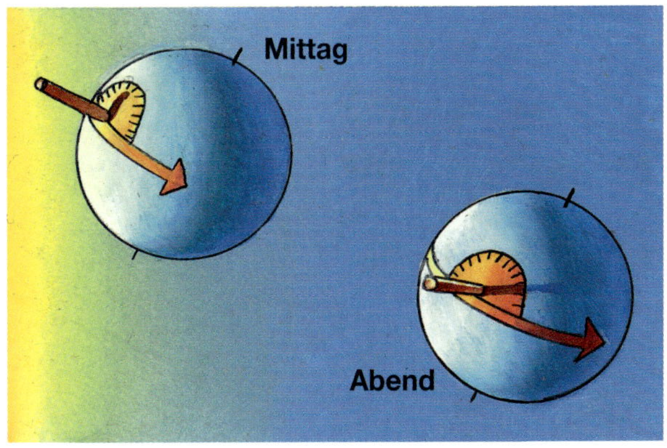

Der Schattenzeiger der Sonnenuhr

Das Pendel des Herrn Foucault

Jean-Bernard Foucault, ein französischer Physiker, führte einen Versuch durch, der bewies, dass die Erde sich dreht. Er hängte eine Kugel an einem langen Faden an der Decke der Pariser Sternwarte auf und brachte das so entstandene Pendel in einer Richtung ins Schwingen. Nach einigen Stunden schwang die Kugel noch immer, aber das Pendel hatte seinen Lauf geändert, obwohl ein Pendel doch immer die Richtung seiner Schwingung beibehält! Foucault konnte dies erklären: Nicht das Pendel hatte seine Richtung geändert – in Wirklichkeit hatte sich die Erde unter dem Pendel weitergedreht.

Das Foucault'sche Pendel

Sommer und Winter

Wegen der schräg stehenden Erdachse ist auf der einen Hälfte des Umlaufs mehr die nördliche Halbkugel der Sonne zugekehrt. Die Sonnenstrahlen fallen hier steiler ein und bringen mehr Wärme als auf der Südhalbkugel. Auf der Nordhalbkugel herrscht Sommer, während die südliche Hälfte weniger Strahlung bekommt. Dort ist Winter.

Sonneneinstrahlung im Sommer …

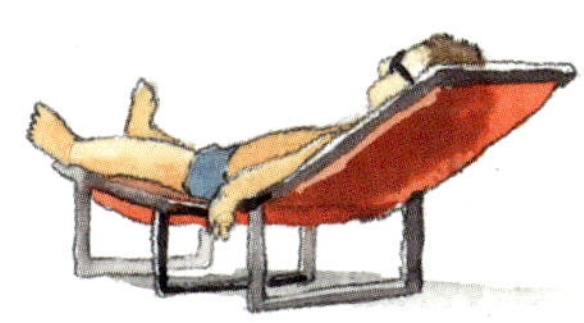

… und im Winter

Nach einem halben Jahr, auf dem entgegengesetzten Abschnitt der Bahn um die Sonne, ist es genau umgekehrt. Auf der Nordhalbkugel fallen nun die Sonnenstrahlen schräger ein. Ihre Energie verteilt sich auf eine weit größere Fläche und deshalb wird es kälter.
Während hier Winter herrscht, ist es auf der Südhalbkugel jetzt sommerlich warm.

Der Mond

Der Mond ist unser nächster Nachbar im Weltraum (die mittlere Entfernung beträgt 384 400 Kilometer) und zugleich der Begleiter der Erde auf ihrer Kreisbahn um die Sonne.
Luna, wie unsere römischen Vorfahren den Mond nannten, ist eine trockene, tote Staub- und Gesteinswelt ohne Lufthülle. Wegen seiner geringen Masse und Anziehungskraft hat er alle flüchtigen Bestandteile wie Wasser und Gase verloren. Sie sind in den Weltraum verdampft.
Seine Oberfläche ist von Kratern, Kraterketten, wallumgrenzten Ebenen, Tälern, Furchen, Verwerfungen und so genannten „Meeren" übersät. Diese Oberflächenformen sind im Lauf der Jahrmilliarden durch die Tätigkeit von Vulkanen und die Einschläge von Meteoriten entstanden. Die Bezeichnung „Meere" (Mare) ist irreführend. Ozeane mit Wasser gibt es auf dem Mond nicht. Die Mond-„Meere" sind dunkle, ebene Gebiete, die von Astronomen vergangener Tage irrtümlich für große Wasserflächen gehalten wurden.
In seiner Vergangenheit war der Mond ein vulkanisch aktiver Himmelskörper. Bis heute hat er sich aber abgekühlt und es gibt vermutlich keine Vulkantätigkeit mehr.
Die Entstehung des Mondes wurde durch die Wissenschaft weitgehend erforscht:
In der Frühzeit des Sonnensystems streifte ein Körper, etwa so groß wie der Mars, unseren Planeten und schleuderte dabei Teile in den Weltraum. Diese Bruchstücke klumpten sich dann später zusammen und bildeten den Mond. Die Schwerkraft der Erde hält den Mond in seiner jetzigen Bahn fest.

Der Mond

Der Mond dreht sich in exakt der gleichen Zeit um seine Achse, die er benötigt, um einmal um die Erde zu kreisen. Deshalb wendet er uns immer die gleiche Seite zu.

Der Mond geht auf

Lange Zeit gaben die Krater und „Meere“ den Astronomen Rätsel auf. Die Vertreter der Vulkanismus- und der Einschlagtheorie stritten sich darüber. Die meisten Krater entstanden durch Meteoriteneinschläge. Die größten Krater sind **Bailly** (295 Kilometer Durchmesser), **Clavius** (232 Kilometer Durchmesser) und **Ptolemäus** (148 Kilometer Durchmesser).

Der Krater Kopernikus auf dem Mond

Während der Mond die Erde umkreist, wendet er ihr immer dieselbe Seite zu. Noch kein Mensch hat von der Erde aus die Rückseite des Mondes gesehen. Dabei haben wir aber nicht viel verpasst: Die Rückseite ähnelt der Vorderseite bis auf wenige Unterschiede weitgehend. Am auffälligsten ist, dass es weitaus weniger und kleinere „Meere“ gibt.

Erdaufgang, vom Mond aus gesehen

Dies hängt wohl damit zusammen, dass die Mondvulkane auf der erdzugewandten Seite wegen der Anziehungskraft des Planeten aktiver waren und dort durch ausströmende Lava größere „Meere“ entstehen ließen. Der zweite augenfällige Unterschied ist das Mare Orientale, ein Kratergebilde, zu dem es nichts Vergleichbares auf der Mondvorderseite gibt.

Die Rückseite des Mondes

Der Mond verursacht Ebbe und Flut

Küste bei Niedrigwasser

Küste bei Hochwasser

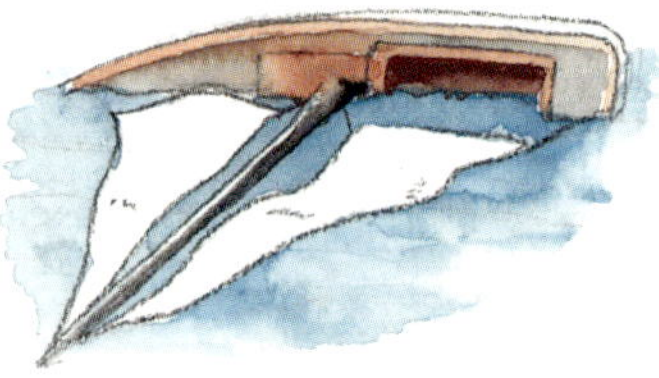

Küste bei Sturmflut

Die Wirkungen des Mondes – Ebbe und Flut

Genau betrachtet umkreist der Mond nicht die Erde, sondern beide drehen sich um eine gemeinsame Achse. Wenn beide Himmelskörper gleich groß wären, läge dieser Drehpunkt genau in der Mitte zwischen ihnen. Da aber die Erde weit mehr Masse als der Mond besitzt, liegt die Drehachse noch innerhalb der Erde.

Obwohl der Mond fast 400 000 Kilometer entfernt ist und weniger als ein Achtzigstel der Masse der Erde hat, wirkt sich seine Anziehungskraft bei uns aus. Das Wasser der Ozeane wird angezogen und fließt auf der den Mond zugewandten Erdseite zu einem „Wasserberg“ zusammen. Aber auch auf der vom Mond abgewandten Seite der Erde steigt der Wasserspiegel an. Der Grund dafür ist die Fliehkraft, die sich aus der gemeinsamen Bewegung von Erde und Mond ergibt.

Zwei Hochwasserzonen laufen über die Meere der Erdkugel, unterteilt durch Bereiche mit niedrigem Wasserstand. An den Küsten bewirkt dies einen regelmäßigen Wechsel von ablaufendem und steigendem Wasser – Ebbe und Flut. Sie folgen in einem Rhythmus von etwas mehr als 6 Stunden aufeinander, genau einem Viertel der Zeit, die der Mond für einen Umlauf um die Erde benötigt.

Der Unterschied zwischen dem höchsten und dem niedrigsten Wasserstand, der *Tiedenhub*, kann bis zu 15 Meter betragen.

Stehen Sonne und Mond in einer Linie zur Erde, steigt bei der *Springflut* das Wasser noch höher. Auch wenn bei Flut das Wasser von Stürmen auf die Küste zugetrieben wird, staut es sich bei Sturmfluten hoch an.

Die Mondphasen
Da der Mond im Gegensatz zur Sonne nicht selbst leuchtet, sondern (wie die Erde) das Licht der Sonne empfängt, ist eine Hälfte also immer beleuchtet, während die andere im Schatten liegt. Je nach seiner Bahnposition sehen wir den Mond unterschiedlich von der Sonne beleuchtet und sein Bild ändert sich dadurch täglich.

Mondphasen „selbst gemacht": Neumond

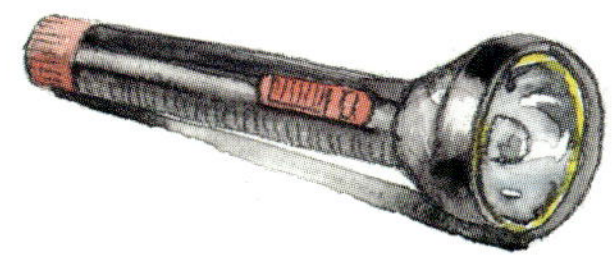

Mondphasen – selbst gemacht!
Mit einer Taschenlampe als Sonne und einem Tennisball als Mond kann man das einfach ausprobieren.

- Hält man den Ball vor die Lampe, ist nur ein schmaler leuchtender Rand von ihm zu sehen. Wenn der Mond zwischen Erde und Sonne steht, erkennen wir nur eine schmale Sichel. Diese Phase nennt man *Neumond*.

Zunehmender Mond

- Wenn man sich mit dem Ball dreht, beleuchtet ihn die Taschenlampe zunehmend von der Seite. Die Sichel wächst und man spricht von *zunehmendem Mond*.
- Zeigen Lichtquelle und Betrachter in die gleiche Richtung, erscheint der Ball in vollem Licht und wir haben *Vollmond*. Bei klaren Sichtverhältnissen ist es dann nachts sehr hell draußen.

Vollmond

- Danach nimmt die Beleuchtung unseres Balles durch die Taschenlampe ab, bis diese hinter dem Ball verschwindet. Wir haben wieder Neumond. Diese Mondphasen wiederholen sich regelmäßig. Manchmal ist auch der nicht von der Sonne beschienene Teil des Mondes schwach zu erkennen. Dann reflektiert die Erde Sonnenlicht und beleuchtet den Mond.

Neumond und Erdenschein

Die Sonne

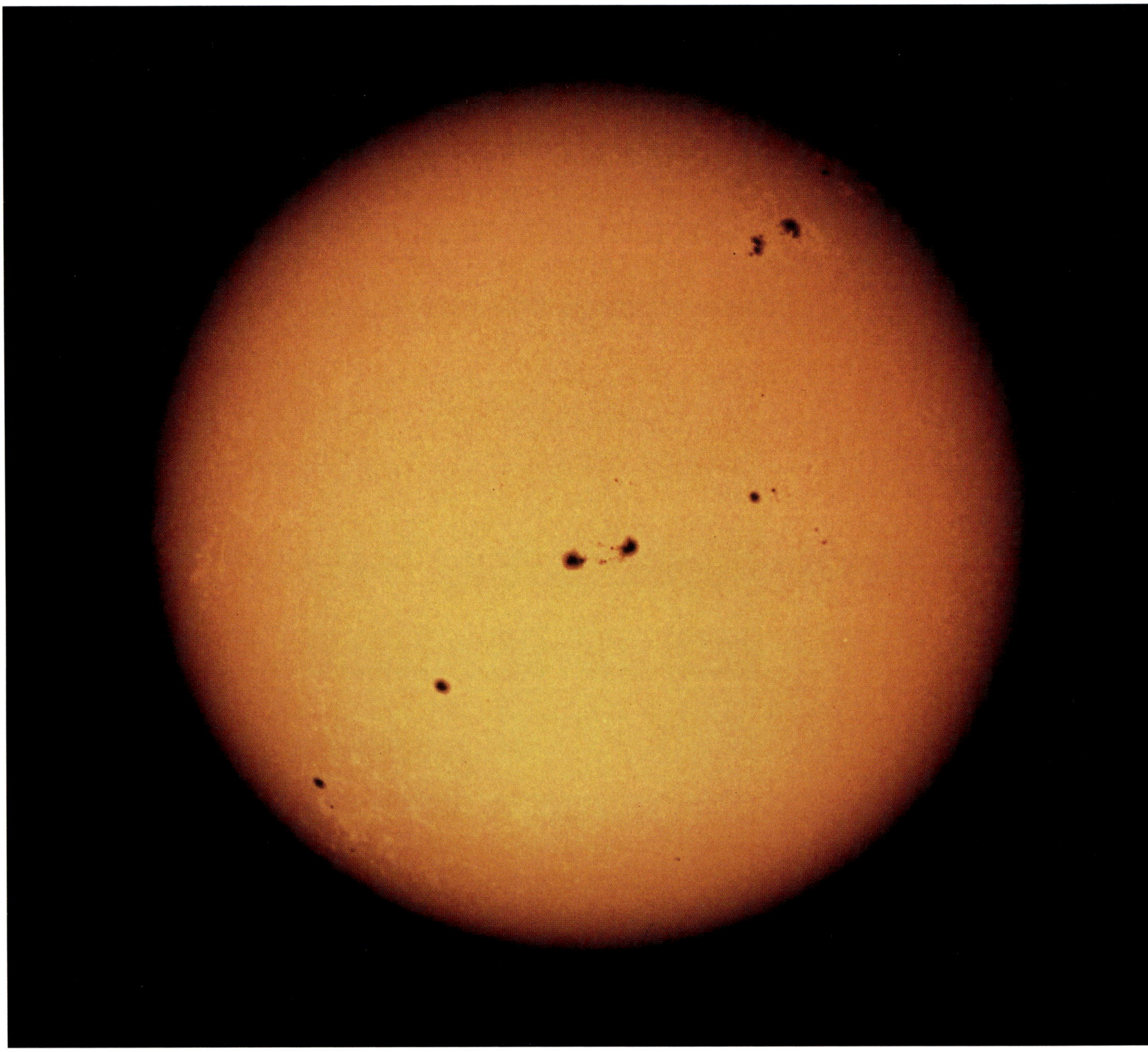

Die Sonne mit Sonnenflecken

SONNE	
Durchmesser am Äquator:	**1 392 000 Kilometer**
Masse (Erde = 1):	**332 946**
Mittlere Dichte (Erde = 1):	**0,26**
Atmosphäre (Hauptbestandteil):	**Wasserstoff, Helium**
Oberflächentemperatur (max.):	**6000 °C**
Oberflächentemperatur (min.):	**2000 °C**
Temperatur im Zentrum (geschätzt):	**15 000 000 °C**
Mittlere Entfernung von der Erde:	**149,6 Millionen Kilometer**

Der gelbe, leuchtende Feuerball, der die Erde mit Licht und Wärme versorgt, heißt Sonne. Obwohl sie uns riesig und brennend heiß vorkommt, ist sie nichts anderes als ein Stern. Der Stern nämlich, zu dessen Planetensystem die Erde gehört. Und obwohl die Sonne eine so wichtige Bedeutung für das Leben auf der Erde hat, ist sie nur eine von endlos vielen Sonnen im Weltall.

Ein wichtiger Hinweis für alle Hobby-Astronomen: Schaut nie mit ungeschützten Augen in die Sonne! Verwendet auf keinen Fall ein Teleskop, um in die Sonne zu sehen! Das intensive Licht und die UV-Strahlung werden dadurch gebündelt und können schlimme Schäden, bis hin zur Erblindung, anrichten! Übrigens: Das Licht braucht von der Sonne zur Erde 8,3 Minuten!

Sonne und Planeten im Größenvergleich

Wenn man die Sonne von der Erde aus betrachtet, macht man sich keine Vorstellung von ihrer tatsächlichen Größe. Hier hilft uns ein Größenvergleich aus dem Obst- und Gemüseladen: Wenn unsere Erde die Größe einer dicken Erbse von etwa 1 Zentimeter Durchmesser hätte, wäre die Sonne ein überaus prächtiger Kürbis mit 109 Zentimeter Durchmesser! Der Planet Merkur entspräche einem Kirschkern, die Venus wäre nur ein wenig kleiner als die Erbse Erde. Der Mars erreichte die Größe einer Johannisbeere und die Riesenplaneten Jupiter und Saturn entsprächen einer Orange mit 11 Zentimeter Durchmesser und einem etwas kleineren Apfel von 10 Zentimeter. Die äußeren Planeten Uranus und Neptun könnte man mit zwei Mandarinen vergleichen, 6 und 4 Zentimeter dick. Der sonnenfernste Planet Pluto und der Mond kämen in diesem Vergleich noch auf die Größe eines Reiskorns. Bleiben wir in der Größenordnung unseres Vergleichs, so umkreist die Erbse Erde den Kürbis Sonne in 118 Meter Entfernung.

An Masse bringt es die Sonne auf mehr als die 300 000fache Erdmasse. Alle Planeten gemeinsam erreichen nur einen winzigen Bruchteil der Sonnenmasse: Die Sonne besitzt 750-mal mehr Masse als alle Planeten zusammen.

Noch beeindruckender fällt ein Vergleich des Rauminhalts aus: Unsere Erde würde 1 303 600-mal in die Sonne passen – und alle Planeten immerhin noch mehr als 152-mal!

Wann geht die Sonne aus?

Sonne und Planeten entstehen

Ursonne und Urplaneten

Die Erde heute

In der Vergangenheit dachten die Menschen, dass die Sonne ein brennender Himmelskörper sei. Im Inneren der riesengroßen Kugel Sonne ist ein Prozess im Gange, den es auf der Erde nicht gibt: Durch den großen Druck und die dadurch entstehenden Temperaturen – 15 000 000 °C – verbinden sich Atome, die Bausteine aller Stoffe, miteinander. Aus Wasserstoffatomen (Hauptbestandteil der Sonne) entsteht ein neuer Grundstoff: Helium. Diesen Verschmelzungsvorgang nennen die Wissenschaftler Wasserstoff-Fusion (Wasserstoffverschmelzung).

Dabei werden ungeheure Energiemengen frei, die in Form von Strahlung (Licht und unsichtbare Strahlen) in den Weltraum abgegeben werden. In einer einzigen Sekunde verwandelt die Sonne 4 Millionen Tonnen ihrer Masse in Energie – das sind im Vergleich über 130 000 voll beladene Lastwagen! Ein einziges Gramm umgewandelter Wasserstoff liefert 170 000 Kilowattstunden Energie! Um so viel Energie zu erzeugen, wie die Sonne in einer einzigen Sekunde abgibt, müssten alle Kraftwerke der Bundesrepublik Deutschland 150 Millionen Jahre lang arbeiten! So wie unsere Sonne jeden Tag scheint, wird sie noch viele Millionen und Milliarden Jahre leuchten, denn ihr Brennstoffvorrat reicht noch lange. Aber auch die Energie der Sonne geht einmal zur Neige. Was wird sein, wenn sie eines Tages nicht mehr scheint? Gibt es dann kein Licht mehr? Und geschieht dies vielleicht schon morgen? Keine Angst, wir haben noch viel Zeit. In etwa 5 bis 6 Milliarden Jahren wird die Verschmelzung von Wasserstoff zu Helium in der Sonne langsam zum Stillstand kommen. Dann allerdings wird sich die Sonne zu einem großen, orangeroten Ball aufblähen, der bis zur Bahn des Merkur reicht und den Planeten verschlingt. Obwohl die rote Sonne dann weniger Energie abstrahlt, werden auf der Erde die Temperaturen auf unerträgliche Gradzahlen steigen. Die Ozeane werden ver-

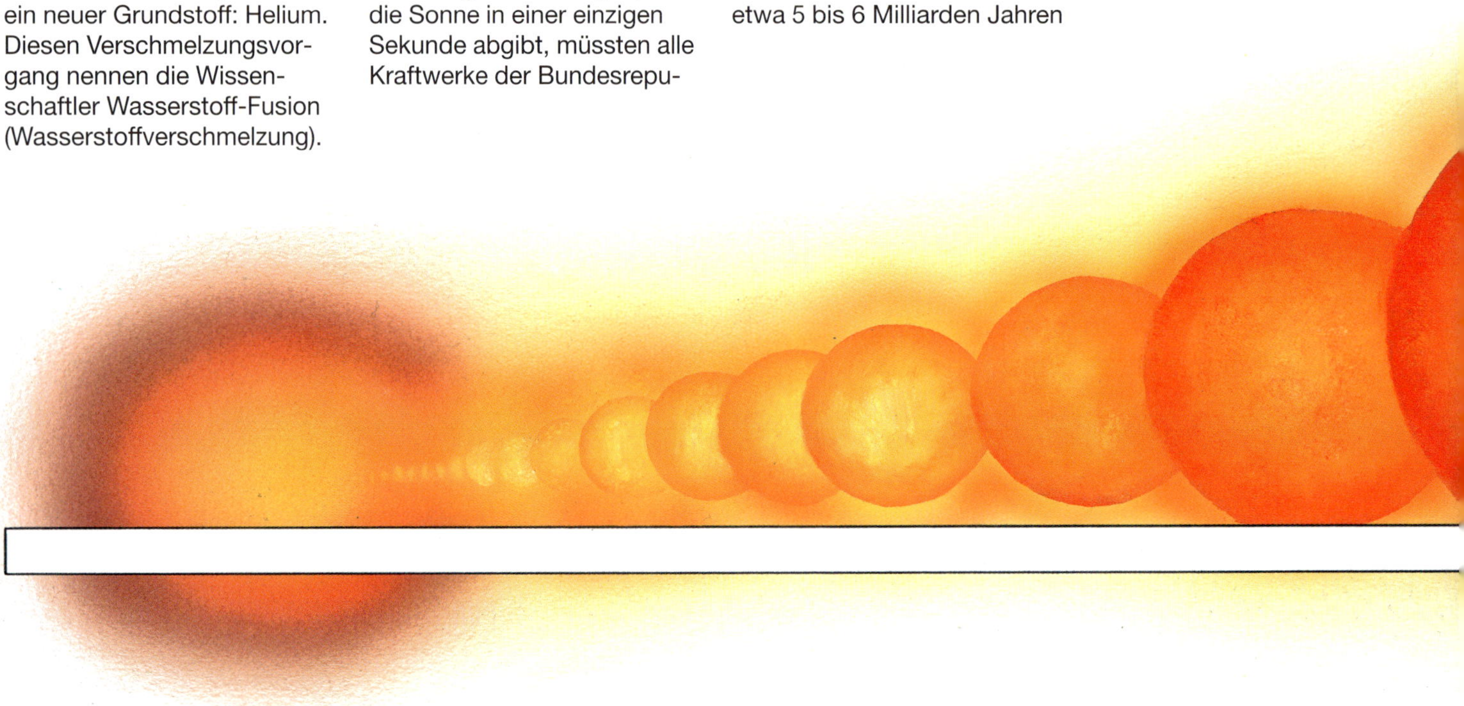

Die späte Sonne – ein roter Riese

Eisiger Stickstoffregen

Erde unter erloschener Sonne

dampfen, alles Leben stirbt. Übrig bleibt eine heiße Geröllwüste. Die Sonne wird sich verändert haben und zu einer neuen Art von Stern geworden sein: zu einem roten Riesen.
Schließlich wird sich der langsam erkaltende Sonnenball zu einer im Vergleich winzigen, nur planetengroßen, schwach leuchtenden Kugel zusammenziehen, die immer weniger Licht und Wärme abgibt. Eiskalter flüssiger Stickstoff wird dann aus den Resten der Atmosphäre herabregnen. Die Sonne ist dann nahezu erloschen. Ein Beobachter auf der Erde könnte sie kaum noch von den übrigen Sternen des Himmels unterscheiden.

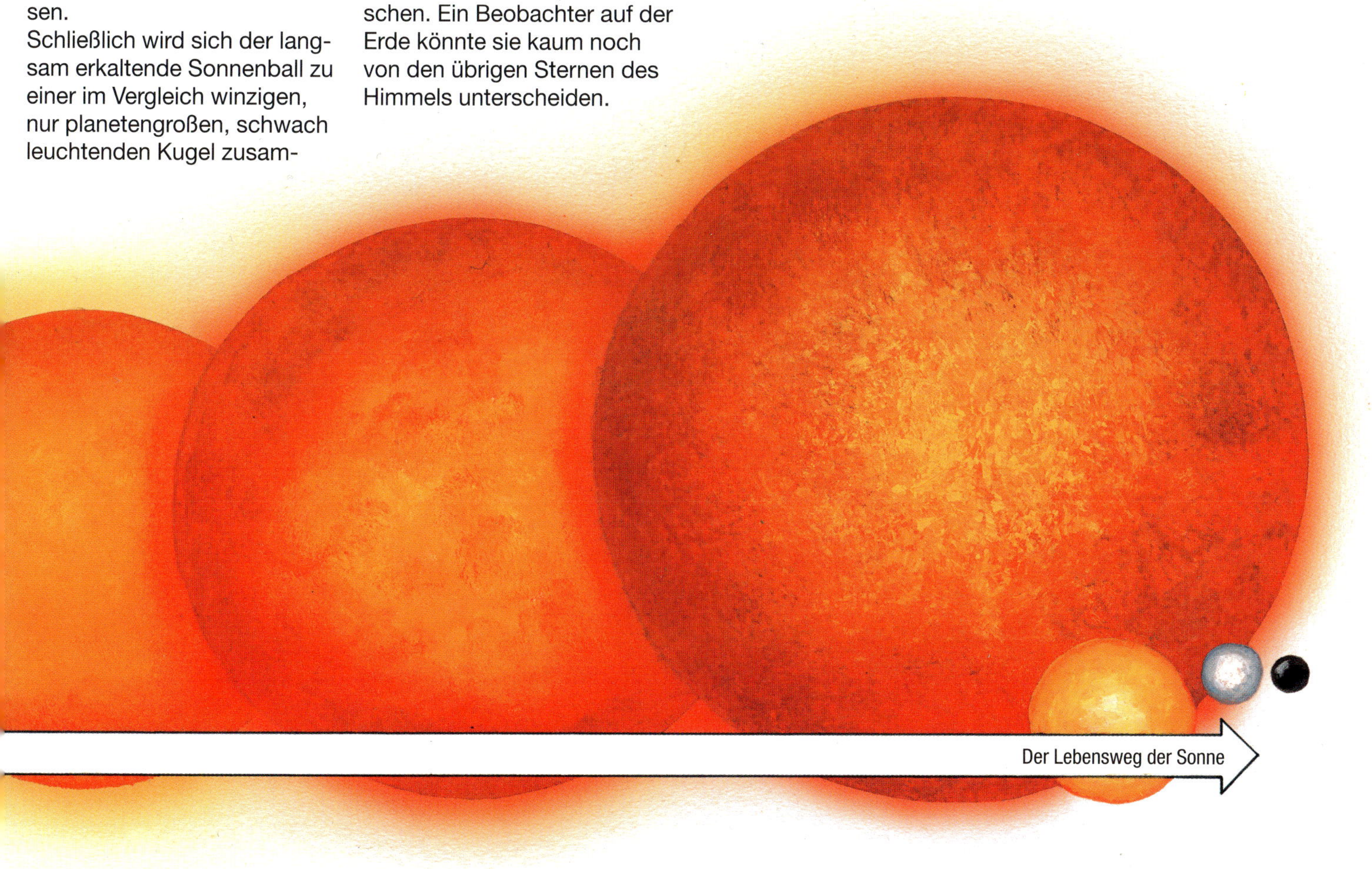

Eine Sonnenfinsternis

Der Ablauf einer Sonnenfinsternis

Mit Schrecken nahmen die Menschen vergangener Tage ein Ereignis war, das uns heute keine Angst mehr macht: eine Sonnenfinsternis. Wenn sich der Mond zwischen die Erde und die Sonne schiebt, verdunkelt er für bestimmte Gebiete auf der Erde das Sonnenlicht: Es wird – auch am hellichten Tag – erst dämmrig und dann dunkel. Bei einer unvollständigen Sonnenfinsternis verdeckt der Mond nur einen Teil der Sonnenscheibe. Eine totale Sonnenfinsternis ist besonders beeindruckend. Alle 2 Jahre kommt sie irgendwo auf der Erde vor. Zuletzt über Deutschland am 11. August 1999. Sonnenfinsternisse können nur bei Neumond auftreten.

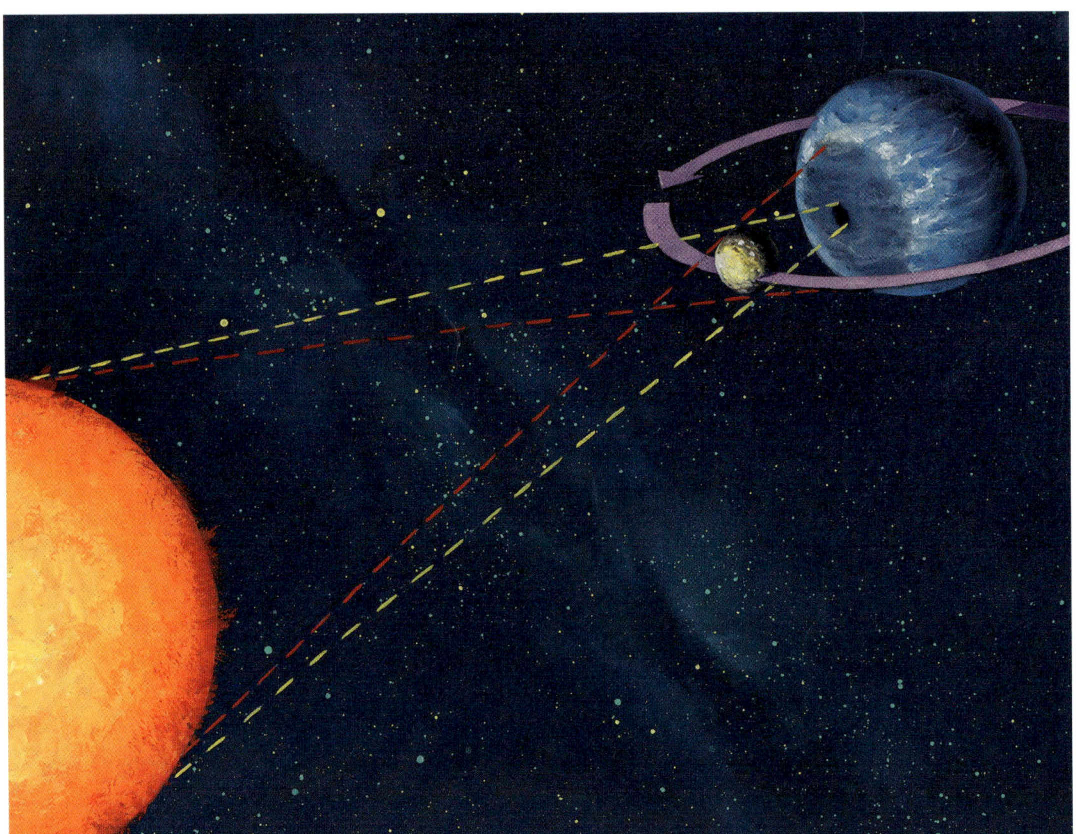

Die Stellung von Erde, Sonne und Mond bei Sonnenfinsternis

So stehen die Himmelskörper Erde, Mond und Sonne während einer totalen Sonnenfinsternis zueinander. Der Mond schiebt sich zwischen die Erde und die Sonne und verdeckt diese – von einer bestimmten Stelle der Erdoberfläche aus gesehen – schließlich völlig. Nur die *Sonnenkorona* leuchtet auf. Das ist der Strahlenkranz der Sonne oder die äußere Strahlenatmosphäre, die wir sonst nicht sehen können, weil sie von der hellen Sonne überstrahlt wird. Da dort kein Sonnenlicht mehr die Erde erreicht, wird es für ca. 2 Minuten dunkel. Wenn der Mond weiterwandert wird es wieder taghell. Zu einer totalen Sonnenfinsternis reisten früher viele Astronomen an, um die Verdunklung für die Beobachtung der Sonnenkorona zu nutzen. Moderne Instrumente ersetzen so mühevolle Forschungen heute.

Die Korona
Der Sonnenball ist von einer Hülle leuchtender Gase und Teilchen umgeben, die wie ein Strahlenkranz aussieht. Sie wird Korona genannt. Besonders bei einer totalen Sonnenfinsternis leuchtet die Korona wie eine strahlende Krone.

Totale Sonnenfinsternis

Die Sonnenflecken
Die Oberfläche zeigt auffällige dunkle Stellen: die *Sonnenflecken*. Dies sind etwa 2000 °C „kühle“ Regionen in der Außenhülle, die ansonsten 6000 °C heiß ist. Die Sonnenflecken treten einzeln oder in größeren Gruppen auf und hin und wieder ist die Sonnenoberfläche nahezu fleckenfrei. Es besteht eine Verbindung zwischen den Sonnenflecken und dem Magnetfeld der Sonne. Wie Sonnenflecken genau entstehen, ist noch nicht vollständig geklärt. Alle 11 Jahre etwa zeigt die Sonnenoberfläche eine besonders starke Fleckenaktivität. Hin und wieder sind Sonnenflecken so groß, dass man sie auch mit bloßem Auge sehen könnte. Aber Vorsicht – das volle Sonnenlicht schädigt die Netzhaut des Auges!

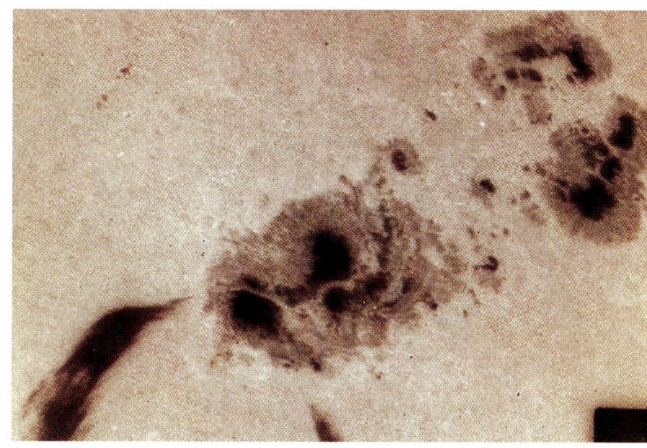
Eine Gruppe von Sonnenflecken

Die Protuberanzen
Hin und wieder ereignen sich auf der Sonne gewaltige Explosionen. Sonnenmaterie wird aus dem glühenden Ball hinaus ins All geschleudert. Man nennt einen solchen Vorgang *Protuberanz*. Es gibt plötzlich hervorschießende und schnell wieder endende Protuberanzen, die bis zu 1 Million Kilometer in den Weltraum hinein wirken.

Eruptive Protuberanz

Ein anderer Typ sind „ruhende“ Protuberanzen, die tage- oder gar wochenlang über der Sonne zu schweben scheinen. Das Aussehen dieser Protuberanzen und die Wege, die die Sonnenmaterie auf ihrem Flug nimmt, hängen mit dem Magnetfeld der Sonne zusammen. Die leuchtende Materie folgt dessen Feldlinien und kann sich ringförmig anordnen.

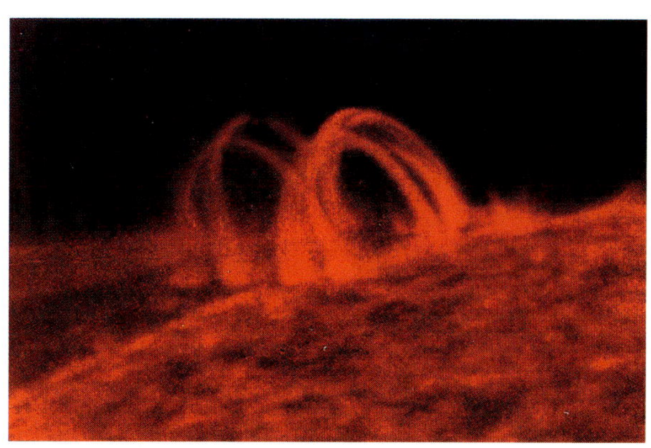
Ringförmige Protuberanz

Die Sonne und das Leben auf der Erde

Die „Stockwerke" des tropischen Waldes

Alles Leben auf der Erde kommt von der Sonne. Sie gibt uns Licht, wärmt Luft und Wasser des Planeten Erde, hält sein Windsystem in Gang, versorgt die pflanzlichen Mikroorganismen, die Blütenpflanzen und Bäume mit dem lebenswichtigen ultravioletten Licht und erzeugt Nahrung für Tier und Mensch. Ohne das Licht der Sonne müssten fast alle Lebewesen auf der Erde verhungern. Nur Schwefel fressende Bakterien und andere seltene Lebewesen könnten vielleicht ohne Sonnenlicht auskommen.

Wie perfekt sich die Pflanzen an die Energieversorgung durch das Sonnenlicht angepasst haben, zeigt die Abbildung links: Der tropische Wald wächst in unterschiedlich hohen Stockwerken. Die Pflanzen mit dem größten Lichtbedarf schießen hoch empor. Die Lücken zwischen ihren Kronen werden von den mittelhohen Pflanzen genutzt. Arten, die mit wenig Licht auskommen können, nehmen den Raum am Boden ein. Nur wenig Licht erreicht den Waldboden, doch nahezu jeder Sonnenstrahl wird für das Wachstum der Pflanzen ausgenutzt.

Auch Menschen und Tiere sind vom Sonnenlicht abhängig. Wir atmen den Sauerstoff, den die Pflanzen mit Hilfe der ultravioletten Strahlung erzeugen.

Wir richten unseren Lebensrhythmus nach der Tageszeit: Wir sind wach, wenn die Sonne unsere Hälfte der Erdkugel erreicht, und wir schlafen, wenn unsere Erdhälfte in der Dunkelheit liegt. Wir wärmen uns im Frühling und Sommer im Sonnenlicht und müssen schützende Kleidung tragen, wenn uns in Herbst und Winter nur ein kleiner Teil ihrer Wärme erreicht und es kalt wird.

Die Sonne und das Leben auf der Erde

Das weiße Sonnenlicht ist keine einheitliche Art von Strahlung. Es setzt sich aus unterschiedlichen Strahlungsarten zusammen.
Wenn man es durch ein Prisma (dreieckiger Glaskörper) zerlegt, erhält man ein so genanntes Spektrum (rechts). Es zeigt, dass das Sonnenlicht farbige Anteile enthält. Sein Weiß mischt sich für unser Auge aus den Farben des Regenbogens von Rot über Orange, Gelb, Grün, Blau bis Violett. Diesen Bereich des Sonnenspektrums nennt man das *sichtbare Licht*.
Das Spektrum der Sonne enthält auch unsichtbare Anteile, deren Wirkung wir aber spüren können. So sorgen die nicht zu sehenden Wärmestrahlen, das so genannte infrarote Licht, für die wohltuende Wärme der Sonne auf der Erde.

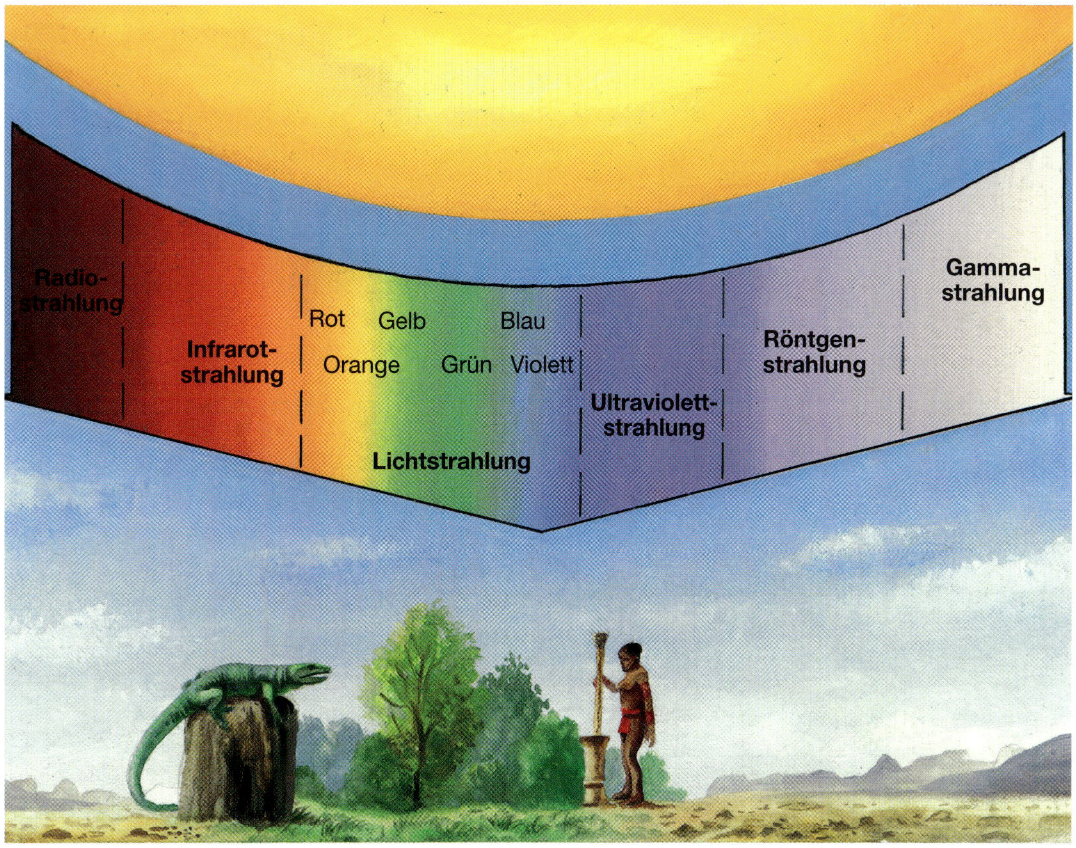

Das Strahlungsspektrum des Sonnenlichts

Aber das Sonnenlicht birgt auch Gefahren. Es enthält gesundheitsschädliche „harte“ Strahlen, die die Lufthülle der Erde aber weitgehend abhält. Zu viel dieser schädlichen *ultravioletten Strahlung* (abgekürzt UV-Strahlen) kann Pflanzen und Tiere erkranken und sterben lassen. Bei Menschen kann sie Augenkrankheiten und Hautkrebs verursachen. Unser wichtigster Schutz vor zu viel ultraviolettem Sonnenlicht ist die schützende Ozonschicht.
Dort werden die für Menschen unsichtbaren UV-Strahlen der Sonne durch das *Ozon*, eine besondere Form des Sauerstoffs, herausgefiltert. Ein großer Teil des ultravioletten Lichts kann den Erdboden nicht mehr erreichen, weil es bei der Neubildung von Ozon seine Energie verbraucht.

Partikel von der Sonne verursachen das Polarlicht

Das Licht der Sonne braucht unterschiedlich lange zu den einzelnen Planeten

Zeit des Lichts von der Sonne zu den Planeten:

1	Merkur:	3 Min.
2	Venus:	6 Min.
3	Erde:	8 Min.
4	Mars:	13 Min.
5	Jupiter:	43 Min.
6	Saturn:	1 Std. 19 Min.
7	Uranus:	2 Std. 39 Min.
8	Neptun:	4 Std. 10 Min.
9	Pluto:	5 Std. 28 Min.

Die Erde und ihr Begleiter der Mond sind nicht die einzigen Himmelskörper, die die Sonne umkreisen. Sie gehören vielmehr zu einer Ansammlung von Begleitern der Sonne: dem Sonnensystem. Insgesamt 9 Planeten umkreisen den Zentralstern dieses Systems und die Erde ist nur einer der kleineren Planeten. Das Sonnensystem ist, verglichen mit den Entfernungen auf der Erde, ein gigantisches Gebilde. Seine Grenze stellt die Bahn des Pluto dar: Dieser entfernteste bekannte Planet umkreist die Sonne in über 6 Milliarden Kilometer Entfernung. Er ist damit mehr als 40-mal so weit von der Sonne entfernt wie die Erde. Folgender Vergleich veranschaulicht diese Entfernung: Mit einem Auto, das 100 Kilometer pro Stunde fährt, könnte man Pluto in 6850 Jahren erreichen. Nähme man ein Düsenflugzeug mit einer Geschwindigkeit von etwa 800 Kilometer pro Stunde käme man nach 856 Jahren Reisezeit auf Pluto an – natürlich ohne Zwischenstopp.
Das Sonnensystem birgt zahllose Wunder und Sensationen: Der größte Planet, Jupiter, erreicht den 11fachen Erddurchmesser, die kleinsten Planetoiden zwischen der Bahn des Mars und des Jupiter sind dagegen nur Fels-

brocken. Sie haben eine Länge von nur wenigen hundert Metern. Auf Merkur ist es heiß wie in einem Glutofen, auf Uranus dagegen so kalt, das selbst Gase flüssig werden. Venus verbirgt sich unter dichten Wolken und Mars ist ein roter Staubplanet. Die Ringe des Saturn, der Rote Fleck auf Jupiter, die finstere Felsenkugel Pluto: Sie alle warten darauf, näher erforscht zu werden.

Was ist ein Planet?
Einen größeren Himmelskörper, der sich auf einer nahezu gleich bleibenden Kreisbahn oder Ellipse (etwa eiförmige Bahn) um einen Stern bewegt, nennt man *Planet*. Die kleinen Himmelskörper zwischen der Mars- und Jupiterbahn, die keine Lufthülle besitzen, nennt man *Planetoiden*, was „kleine Planeten" bedeutet. Einige Planetoiden kommen auch der Erde nahe.

Zum Sonnensystem gehören:

Merkur – der heißkalte Wüstenstern
Venus – die tödliche Wolkenhölle
Erde – der Blaue Planet
Mars – der Rote Planet der Vulkane
Die Asteroiden – viele tausend kleine Himmelskörper zwischen Mars und Jupiter
Jupiter – der riesenhafte Gasplanet
Saturn – der Gasplanet mit dem Ringsystem
Uranus – eine eiskalte Gaskugel
Neptun – seinem Bruder Uranus ähnlich
Pluto – der ferne Felsenplanet der Finsternis

Die Entstehung des Sonnensystems

Wie in einer Kernexplosion entzündet sich die Sonne

Das Sonnensystem entstand vor einer unvorstellbar langen Zeit, etwa vor 4,5 Milliarden Jahren. Eine ausgedehnte Wolke aus Wasserstoff und Staubpartikeln trieb durch das Weltall – es war ein über viele Milliarden Kilometer reichender Dunkelnebel, wie er überall im Weltall zu finden ist. Vielleicht geriet dieser Dunkelnebel in den Wirkungsbereich einer gigantischen kosmischen Explosion (einer so genannten *Supernova*). Von deren Druckwirkung in Bewegung gebracht begann die Materie des Nebels sich unter der eigenen Schwerkraft zusammenzuziehen. Der Dunkelnebel ballte sich immer enger zusammen und erwärmte sich dabei mehr und mehr. Schließlich schrumpfte er zu einer flachen Scheibe, und in deren Zentrum bildete sich eine Kugel, kaum größer als unsere Sonne heute. In deren Innerem begann es zu glühen.
Temperatur und Druck stiegen so stark an, dass es im Zentrum der Wolke zu einer ersten Verschmelzung von Atomen, den Bausteinen der Materie, kam. Das Licht der Sonne war entzündet. In der Glut der Wasserstoffverschmelzung begann sie immer heller zu strahlen.

Auch die weiter vom Zentrum entfernten Gas- und Staubmassen zogen sich zu festen Körpern zusammen. Zuerst entstanden kleinere Klumpen und Brocken, die gegeneinander stießen, dabei zum Teil verschmolzen oder auch in kleine Bruchstücke zerschlagen wurden. Sie kreisten in noch unsicheren Bahnen um den größten Körper, die Ursonne. Erst nach vielen Millionen Jahren blieben einige Kugelkörper auf festen Bahnen übrig: die inneren Planeten Merkur, Venus, Erde und Mars. Sie bestehen aus den schweren Elementen der Materie. Alle inneren Planeten sind Felsenkugeln mit metallischem Kern.

Die inneren Planeten verfestigen sich

Die äußeren und größeren Planeten dagegen bestehen aus leichter, gasförmiger Materie. Sie existierten länger als Nebelgebilde, die der Ursonne ähnlich waren. Ihre Masse reichte nicht aus, um im Inneren eine Kernverschmelzung zu zünden. Nur wenn Jupiter um einiges größer gewesen wäre, hätte eine zweite Sonne geleuchtet. Schließlich verdichteten sich auch die äußeren Planeten zu fest umgrenzten Kugeln.
9 oder mehr große Himmelskörper begannen die Ursonne zu umkreisen. In weiter Ferne zog Pluto durch die Finsternis. Auf der dritten Bahn von der Sonne aus gesehen durchquerte die Erde den Weltraum. Der Sonne am nächsten jedoch kreiste eine heiße Felsenkugel – Merkur.

Die Sonne und ihre Planeten

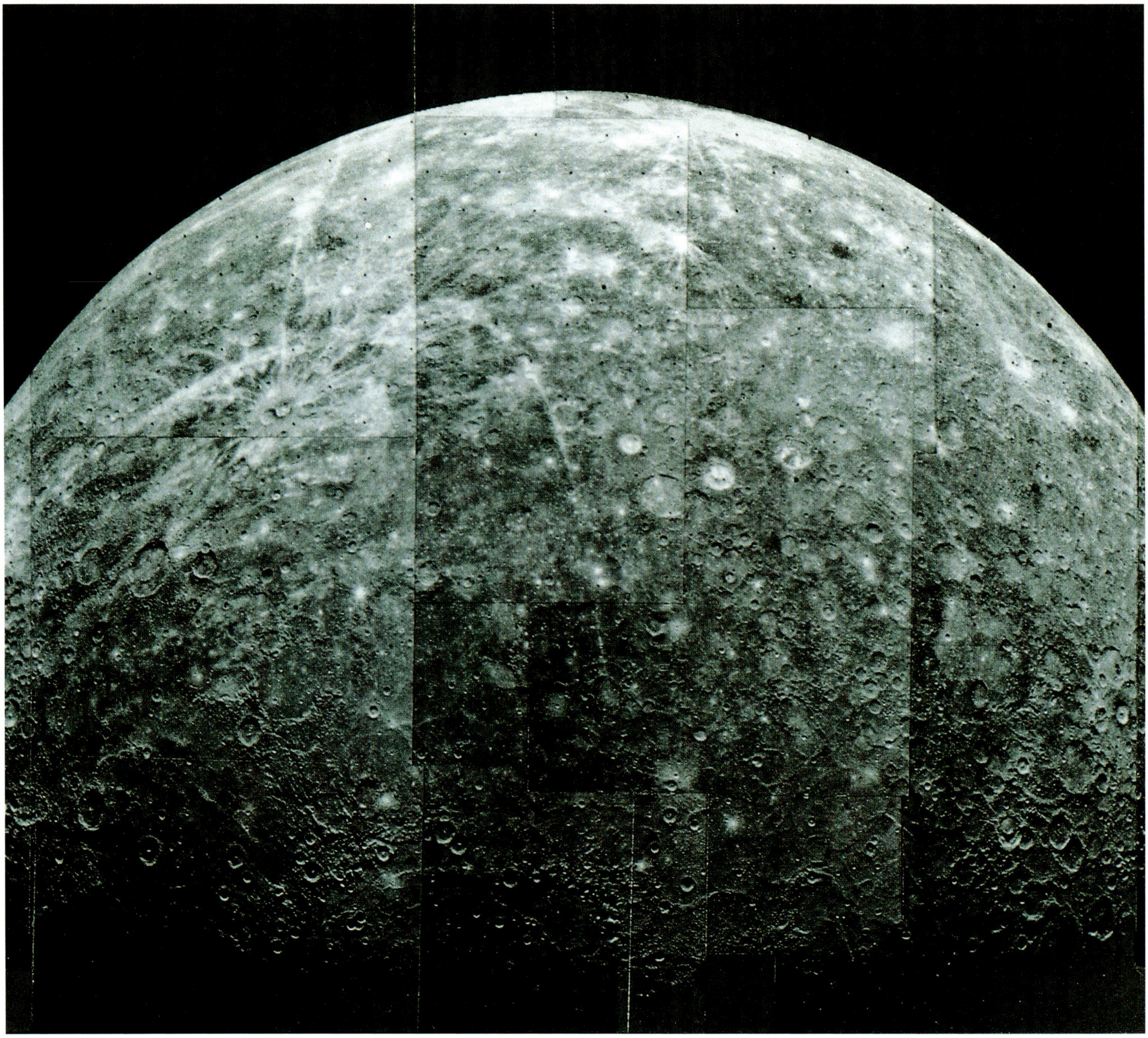

Der Planet Merkur

MERKUR	
Durchmesser am Äquator:	**4878 Kilometer**
Masse (Erde = 1):	**0,06**
Mittlere Dichte (Erde = 1):	**0,98**
Schwerkraft (Erde = 1):	**0,38 – ein Erwachsener von 80 kg wäre so schwer wie 30 kg**
Länge eines Tages:	**1407 Stunden**
Atmosphäre (Hauptbestandteil):	**Natrium (gasförmiges Leichtmetall)**
Anzahl der Monde:	**0**
Bahngeschwindigkeit:	**47,89 Kilometer pro Sekunde**
Mittlere Entfernung von der Sonne:	**57,9 Millionen Kilometer**
Länge eines Jahres:	**88 Erdtage**

Kein wohnlicher Ort, dieser kleine, der Sonne benachbarte Planet. In der 176 Erdtage langen Nacht auf Merkur sinkt die Oberflächentemperatur auf –180 °C ab. Geht dann endlich – nach ungefähr 6 Monaten – wieder die Sonne auf, steigt die Hitze in kurzer Zeit auf über 400 °C an. Die Gashülle des Planeten erreicht nur ein Billionstel der Dicke der Erdatmosphäre und besteht zum großen Teil aus Wasserstoff, Helium und den auf Merkur gasförmigen Elementen Natrium und Kalium. Das ist keine Luft, in der ein Mensch überleben könnte. Merkur ist nur schwierig von der Erde aus zu beobachten. Erst durch Aufnahmen der Raumsonde **Mariner 10** konnte man sich einen Eindruck von der Oberfläche dieses Planeten verschaffen.

Merkur

Krater prägen das Gesicht des Planeten Merkur. Sie stammen aus allen Zeitphasen der Geschichte des Universums. Der größte ist das 2 Kilometer tiefe und 1300 Kilometer breite **Caloris-Becken**, das von einem Zusammenprall mit einem Asteroiden von etwa 150 Kilometer Durchmesser herrührt. Auch auf der anderen Seite gab es Verwüstungen.

Die Sonne, vom Merkur aus gesehen

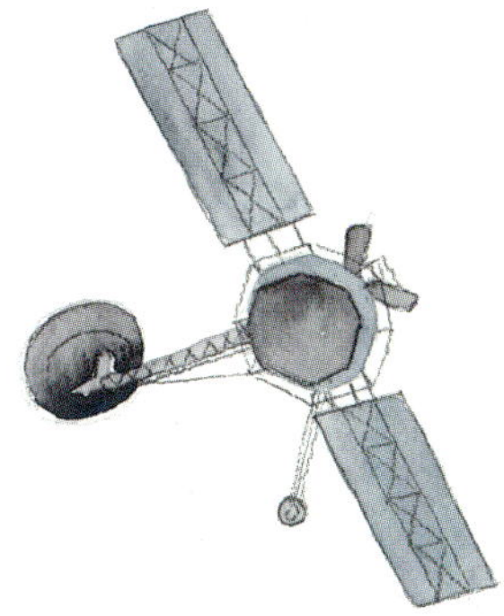

Schockwellen und starke Beben zerstörten hier eine riesige Landschaft und ließen das „wilde Gebiet“ zurück. An anderer Stelle prägen weite, geröllbedeckte Ebenen die einförmige Landschaft des Planeten Merkur. Sie sind aus Lavagestein entstanden und gehören zum jüngsten Teil der Planetenoberfläche, der immerhin etwa 3,8 Milliarden Jahre alt ist.

Landschaft auf dem Merkur

Obwohl der Planet Merkur nur wenig größer ist als der Mond, besitzt er doch eine beachtliche Masse. Die Wissenschaft vermutet daher, dass im Zentrum von Merkur ein großer Metallkern, bestehend aus Eisen und Nickel, verborgen ist.
Dieser Kern hat etwa die Größe des Mondes und ist in seinem Inneren möglicherweise geschmolzen.

Größenvergleich Erde – Merkur

Papier würde sich auf der Tagseite des Merkur sofort entzünden, die Metalle Blei und Zinn würden augenblicklich schmelzen und flüssig werden. Merkur ist der einzige Planet des Sonnensystems, auf dessen Oberfläche die Temperaturen um mehr als 600 °C schwanken.

Heiß und kalt: Blei schmilzt, Gase werden flüssig

Venus – Gluthölle unter Wolken

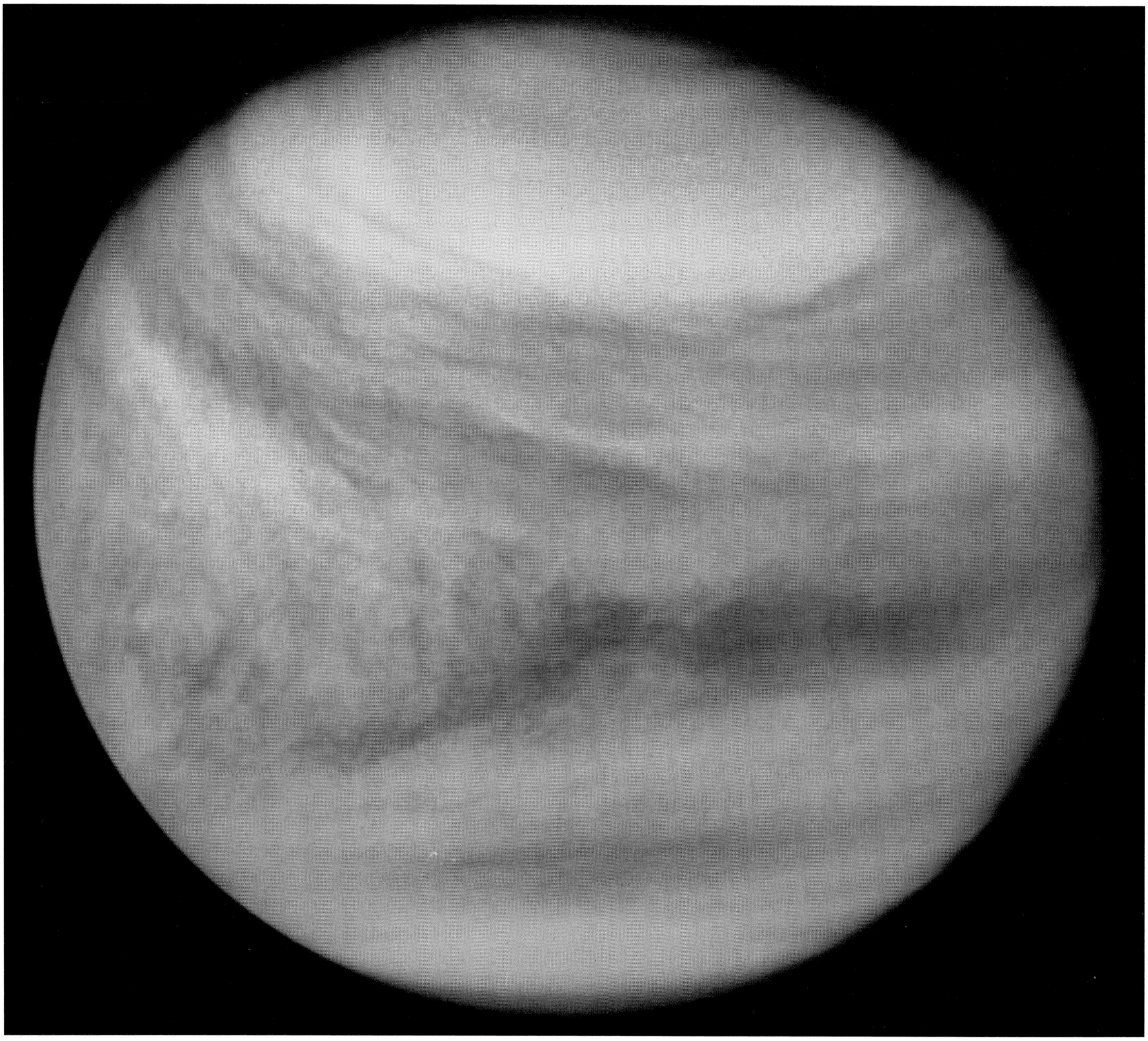

Der Planet Venus

VENUS	
Durchmesser am Äquator:	12 104 Kilometer
Masse (Erde = 1):	0,82
Mittlere Dichte (Erde = 1):	0,95
Schwerkraft (Erde = 1):	0,9 – ein Erwachsener von 80 kg wäre so schwer wie 72 kg
Länge eines Tages:	5832 Stunden
Atmosphäre (Hauptbestandteil):	Kohlendioxid
Anzahl der Monde:	0
Bahngeschwindigkeit:	35 Kilometer pro Sekunde
Mittlere Entfernung von der Sonne:	108 Millionen Kilometer
Länge eines Jahres:	224,7 Erdtage

Schon im Altertum haben die Menschen den hellen Planeten am Morgenhimmel bewundert und ihn „Morgenstern“ genannt. Aber auch als „Abendstern“ ist die Venus bekannt.

Lange Zeit über hielt man die Venus für die Schwester der Erde, denn sie ist fast genauso groß wie unser Planet. Unter der für unsere Augen undurchdringlichen Wolkendecke der Venus hoffte man eine feuchte Tropenlandschaft mit einfachen Lebensformen zu finden, etwa wie auf der Erde in der Steinkohlenzeit. Andere Wissenschaftler vertraten die Theorie, die Venusoberfläche sei vollständig von Meeren bedeckt und könne deshalb wie ihr Schwesterplanet Erde von Lebewesen bewohnt sein.

Venus – Gluthölle unter Wolken

Die Gashülle der Venus besteht zum größten Teil aus Kohlendioxid und Wasserdampf. Schwefelverbindungen machen sie zu einer ätzenden Säure, schärfer als Essig. Viele Metalle werden in kurzer Zeit zerfressen. Wegen der großen Temperaturunterschiede zwischen der Tag- und der Nachtseite toben unentwegt Stürme um den Planeten – mit Windgeschwindigkeiten von über 400 Kilometer pro Stunde! Unmittelbar auf der Venusoberfläche betragen die Windgeschwindigkeiten nur wenige Kilometer pro Stunde. Der für einen Menschen unerträglich hohe Luftdruck ist 10- bis 15-mal so hoch wie auf der Erde. Ebenso unvorstellbar: Ein Venustag vom Morgen bis zum Abend dauert etwa 2916 Stunden – das sind über 2 Monate! Ihm folgt eine ebenso lange Nacht in völliger Finsternis.

Die Sonne, von der Venus aus gesehen

Heute weiß man dank der Venus-Sonden einiges über den Planeten: Nur zwei Hundertstel des Sonnenlichts erreichen seine Oberfläche, auf der dennoch Temperaturen von über 470 °C herrschen – eine finstere Gluthölle, die durch den Treibhauseffekt aufgeheizt wid.
Die Licht- und Wärmestrahlen der Sonne werden von der dichten Wolkendecke „eingefangen". Wasser existiert bei dieser Temperatur nur als Dampf. So zeigt sich die Venuslandschaft als steinige, glühend heiße Staubebene. Selbst gegen Druck und Wärme speziell geschützte Landekapseln bleiben in dieser Gluthölle nur einige Minuten lang funktionstüchtig. In anderen Regionen erheben sich tausende Vulkankegel über die Landschaft, von denen einige vermutlich noch aktiv sind.

Landschaft auf der Venus

Mars – der rätselhafte rote Planet

Der Planet Mars

MARS	
Durchmesser am Äquator:	6794 Kilometer
Masse (Erde = 1):	0,1
Mittlere Dichte (Erde = 1):	0,71
Schwerkraft (Erde = 1):	0,38 – ein Erwachsener von 80 kg wäre so schwer wie 30 kg
Länge eines Tages:	24,6 Stunden
Atmosphäre (Hauptbestandteil):	Kohlendioxid
Anzahl der Monde:	2
Bahngeschwindigkeit:	24,14 Kilometer pro Sekunde
Mittlere Entfernung von der Sonne:	227,9 Millionen Kilometer
Länge eines Jahres:	687 Erdtage

Der rote Planet Mars, nach dem römischen Kriegsgott benannt, liegt unter dem Licht einer schon fernen, kalten Sonne. Seine Lufthülle ist so dünn wie die der Erde in etwa 24 Kilometer Höhe. Sie besteht zu 95 Prozent aus Kohlendioxid, enthält aber auch Anteile an Stickstoff, Sauerstoff und Wasser, die vier Stoffe, die es braucht, um Leben wie auf unserem Planeten entstehen zu lassen.

Alles andere als lebensfreundlich sind aber die Temperaturen: −85°C herrschen in den Nächten des langen Mars-Winters, −20 °C an einem „Sommertag". Welches Lebewesen würde das aushalten? Die Jahreszeiten zeigen sich auch an den Polkappen aus gefrorenem Wasser und Kohlendioxid. Sie schmelzen im Mars-Frühjahr ab und vergrößern sich im Herbst wieder.

Mars – der rätselhafte rote Planet

Auf der Nordhalbkugel liegen riesige Vulkane. Der größte, **Olympus Mons**, bedeckt eine Fläche von der Größe Spaniens. Die drei höchsten Vulkane, **Ascraeus Mons, Pavonis Mons** und **Arsia Mons**, ragen mit 27 Kilometern vom Fuß bis zum Gipfel höher als jeder Berg auf der Erde empor. Die weiten Ebenen werden von riesigen Lavaströmen bedeckt.

Die Südhalbkugel, auf der Vulkane fehlen, zeigt das alte Gesicht eines Planeten, der im Lauf der Zeit von zahlreichen Meteoriten getroffen wurde. Unter den Einschlagkratern gibt es Riesen wie das Hellas-Becken (1900 Kilometer Durchmesser) und das Argyre-Becken (900 Kilometer Durchmesser), wohl die Absturzstellen von kleinen Planeten, so genannten Asteroiden.

Die Sonne, vom Mars aus gesehen

Ein Rätsel der Marsoberfläche ist ein großer Grabenbruch, bis zu 240 Kilometer breit, mehr als 6 Kilometer tief und über 4800 Kilometer lang. Er entstand durch große Verschiebungen der Marsoberfläche und wurde von Erdrutschen, Wind und vielleicht auch von Wasser weiter ausgewaschen.

Landschaft auf dem Mars

Wer von Wasser auf dem Mars hört, stellt sich die Frage: Hat es dort einmal mehr Wasser gegeben als heute? Liegt es gefroren und unter Staub verborgen im Marsboden? Wird der Mars eines Tages wieder seine Bahn ändern, sich der Sonne nähern und zu neuem Leben erwachen? Heute ist die Marsoberfläche trockener als jede Wüste der Erde.

Täler auf dem Mars

Der Mars hat auf seiner Bahn um die Sonne zwei Begleiter: die Monde **Phobos** und **Deimos**, durch die Schwerkraft des Mars „eingefangene“ Asteroiden. Der 27 Kilometer lange Mond Phobos bewegt sich auf einer immer enger werdenden Spiralbahn und wird in etwa 30 Millionen Jahren auf den Mars stürzen und einen neuen gewaltigen Krater schlagen.

Phobos und Deimos, die Marsmonde

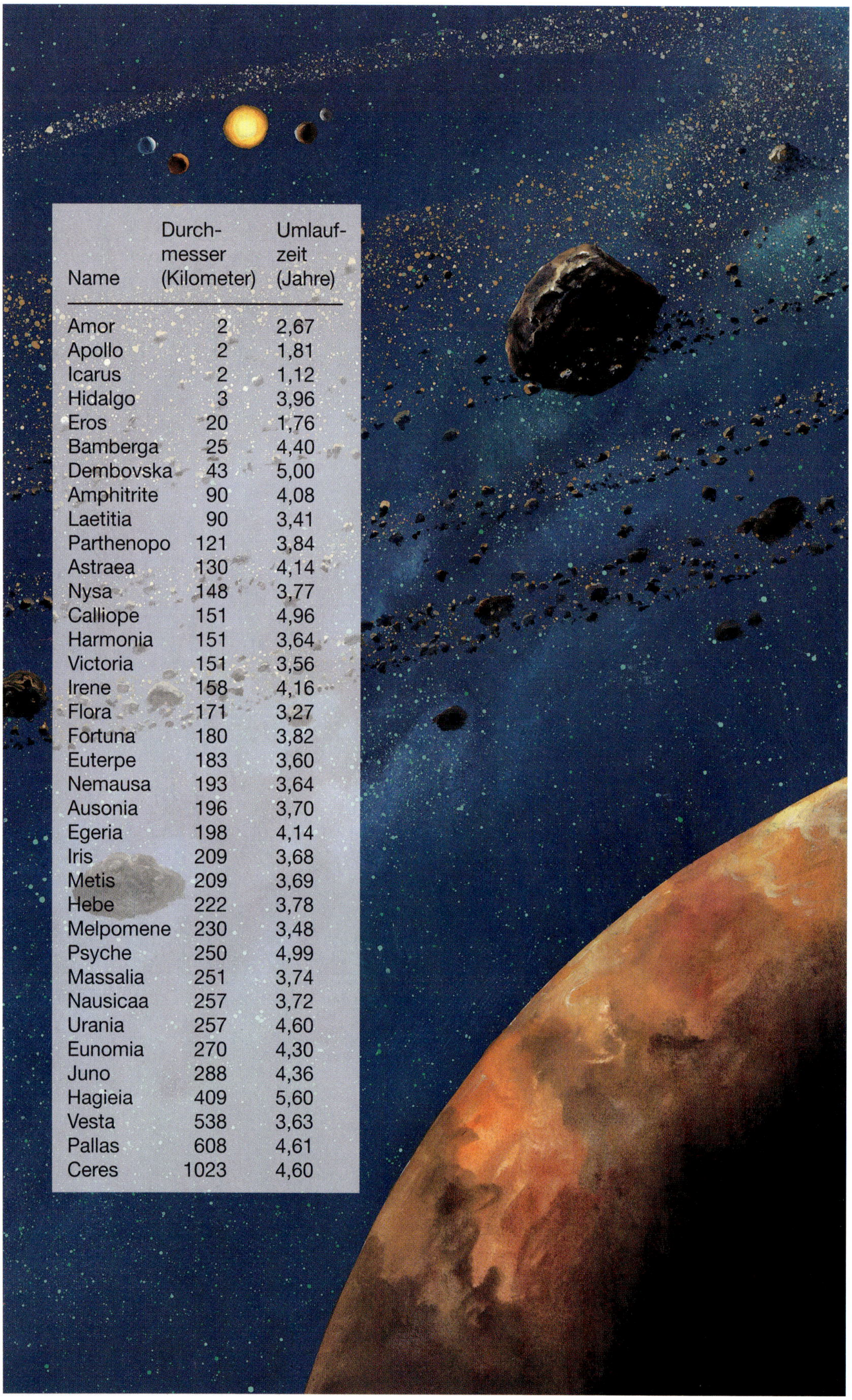

Name	Durchmesser (Kilometer)	Umlaufzeit (Jahre)
Amor	2	2,67
Apollo	2	1,81
Icarus	2	1,12
Hidalgo	3	3,96
Eros	20	1,76
Bamberga	25	4,40
Dembovska	43	5,00
Amphitrite	90	4,08
Laetitia	90	3,41
Parthenopo	121	3,84
Astraea	130	4,14
Nysa	148	3,77
Calliope	151	4,96
Harmonia	151	3,64
Victoria	151	3,56
Irene	158	4,16
Flora	171	3,27
Fortuna	180	3,82
Euterpe	183	3,60
Nemausa	193	3,64
Ausonia	196	3,70
Egeria	198	4,14
Iris	209	3,68
Metis	209	3,69
Hebe	222	3,78
Melpomene	230	3,48
Psyche	250	4,99
Massalia	251	3,74
Nausicaa	257	3,72
Urania	257	4,60
Eunomia	270	4,30
Juno	288	4,36
Hagieia	409	5,60
Vesta	538	3,63
Pallas	608	4,61
Ceres	1023	4,60

Im Asteroidengürtel

Im Mai 1990 erschreckte eine Zeitungsmeldung die Menschen:

Asteroid auf Kollisionskurs – Stürzt 1900 MU auf die Erde?

Die meisten der heute auf etwa 40 000 geschätzten kleinen Planeten (Planetoiden oder Asteroiden) zwischen Mars und Jupiter bewegen sich auf annähernd kreisförmigen Bahnen. Viele von ihnen gehören zu so genannten Familien, die auf ähnlichen Bahnen kreisen. Aber es gibt auch einige Familien, die auf stark elliptischen Bahnen um die Sonne ziehen, zum Beispiel die Apollo- und Amor-Asteroiden.
Icarus, Mitglied der Apollo-Familie, kommt der Sonne näher als Merkur und **Hidalgo** erreicht sogar die Bahn des Saturn. Noch ungewöhnlicher ist die Bahn des erst 1977 entdeckten **Chiron**, der zwischen Saturn und Uranus um die Sonne kreist.
Im Allgemeinen stellen die Kleinplaneten zwischen Mars und Jupiter für die Erde keine Gefahr dar. Nur einige 100 bis 1000 „Ausreißer“ kreuzen die Bahn von Mars und Erde und nur 200 Kleinplaneten von bis zu 5 Kilometer Durchmesser können der Erde gefährlich nahe kommen. Allerdings gefährden uns auch „dicke Brocken“: zum Beispiel der Planetoid **Eros** (20 Kilometer Durchmesser).
Ein Zusammenprall wäre eine Katastrophe für den gesamten Globus. Erdbeben würden den Planeten erschüttern, Flutwellen über die Meere rasen. Der beim Aufprall entstehende Staub würde den Himmel für lange Zeit verdunkeln. Dadurch würde auf Dauer alles Leben sterben.

Über die Entstehung der Asteroiden gibt es unterschiedliche Theorien. Die heute anerkannte besagt, dass der Riesenplanet Jupiter an ihrer Entstehung beteiligt war. Seine Anziehungskraft verhinderte bei der Entstehung der Planeten, dass sich aus den Gesteinsbrocken zwischen seiner Bahn und der des Mars ein weiterer großer Planet bilden konnte.
Der größte Planetoid **Ceres** besitzt einen Durchmesser von 1023 Kilometer. Einige wenige Planetoiden messen immerhin noch hunderte von Kilometer. Die meisten Asteroiden jedoch sind kleine, unregelmäßige Objekte (keine Kugelform!) von wenigen Kilometer oder gar nur 100 Meter Durchmesser mit geringer Masse.
Keiner der kleinen, felsigen Himmelskörper besitzt eine Atmosphäre.

Große und kleine Brocken: Größere Asteroiden besitzen Kugelform

In ihrer Zusammensetzung unterscheiden sich Planetoiden deutlich. Die nahe an der Sonne kreisenden Himmelskörper bestehen aus dichteren, die sonnenfernen aus leichteren Materialien. Auch hier gibt es eine Einteilung in Gruppen: Die felsigen S-Asteroiden besitzen einen Metallkern. Die M-Asteroiden sind Metallbrocken aus Nickel und Eisen. Mehr als drei Viertel aller Asteroiden gehören zur C-Gruppe und bestehen aus nahezu unverändertem kohlenstoffreichen Material aus der Zeit der Entstehung des Sonnensystems.
Glaubt man den Untersuchungen der Astronomen, besteht der kleine Himmelskörper **1986 DA** aus 10 000 Tonnen Gold, 100 000 Tonnen Platin, 10 Milliarden Tonnen Eisen und etwa 1 Milliarde Tonnen Nickel. Er wäre als Rohstoffquelle viele Milliarden Euro wert.

Zusammenprall von Asteroiden

Der Planet Jupiter

JUPITER	
(Durchmesser am Äquator:	142 796 Kilometer
Masse (Erde = 1):	317,8
Mittlere Dichte (Erde = 1):	0,24
Schwerkraft (Erde = 1):	2,6 – ein Erwachsener von 80 kg wäre so schwer wie 208 kg
Länge eines Tages:	9,833 Stunden
Atmosphäre (Hauptbestandteil):	Wasserstoff
Anzahl der Monde:	16
Bahngeschwindigkeit:	13,06 Kilometer pro Sekunde
Mittlere Entfernung von der Sonne:	778,3 Millionen Kilometer
Länge eines Jahres:	11,87 Erdjahre

Jupiter ist eine fremde Welt. Der nächste der großen Gasplaneten unterscheidet sich deutlich von allen inneren Planeten des Sonnensystems. Sollte ein Raumschiff zum Jupiter reisen, bekäme ein Landefahrzeug keinen festen Boden unter die Räder.

Anders als die kleineren, sonnennahen Planeten Merkur, Venus, Erde und Mars sowie die winzigen Asteroiden bestehen die äußeren Planeten, und somit auch der Jupiter, nicht aus festem Gestein, sondern aus flüchtigen Materialien.

Die riesige Gaskugel Jupiter besitzt zwar mehr Masse als alle übrigen Planeten zusammen, erreicht aber nur etwa ein Viertel der Dichte irdischer Materie. Dennoch bekämen Besucher des Planeten eine Schwerkraft zu spüren, die jene auf der Erde um das 2,6fache übersteigt.

Jupiter und seine Monde

Durch neuartige physikalische Beobachtungen und Messungen hat man festgestellt, dass Jupiter zum großen Teil aus den Gasen Wasserstoff, Helium, Stickstoff, Methan und Ammoniak besteht. Feste chemische Elemente kommen im Vergleich zu den inneren Planeten nur in sehr geringen Mengen vor.

Die Sonne, vom Jupiter aus gesehen

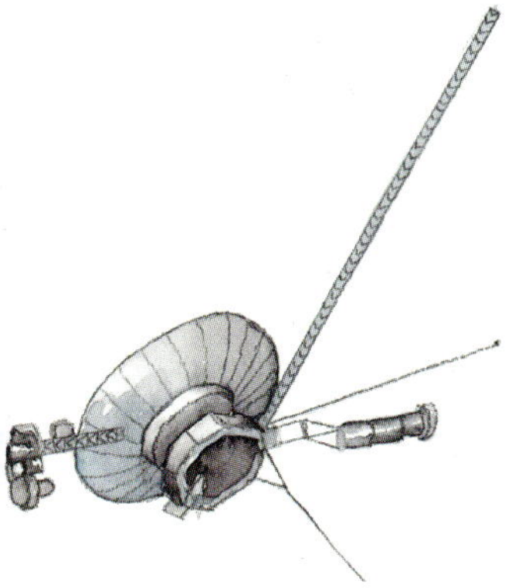

Jupiter ist eine Welt der Winde, denn keine feste Oberfläche bremst die Gasmassen ab, die durch Druck und Temperaturunterschiede in Bewegung geraten sind. In einer 150 Kilometer starken, orangebraunen Wolkendecke entladen sich enorme elektrische Energien in Form von Blitzen.

In der Wolkendecke des Jupiter

Gigantische Sturmsysteme toben schon seit Jahrhunderten an ein und derselben Stelle. Der Große Rote Fleck, ein 300 Jahre altes, nahezu ortsfestes Sturmgebiet, kreist mit Windgeschwindigkeiten von 320 Kilometern in der Stunde und erreicht den 3fachen Durchmesser der Erde! Gegen diesen Riesensturm sind alle Tornados der Erde laue Lüftchen.

Der Große Rote Fleck

Die vier größten Monde des Jupiter heißen **Europa, Io, Callisto** und **Ganymed**. Sie werden die *Galilei'schen Monde* genannt, weil Galileo Galilei sie im Jahre 1610 entdeckt und beschrieben hat. Sie übertreffen viele Planetoiden und selbst den Planeten Pluto deutlich an Größe. Der Riesenplanet Jupiter besitzt 12 weitere Monde.

Der Erdmond im Vergleich zu den 4 großen Jupitermonden

Jupiter – Gasriese voller Rätsel

Der Riesenplanet Jupiter, von seinem Mond Callisto aus betrachtet

Über die 4 größten der 16 Jupiter-Monde fanden die Raumsonden **Voyager 1** und **Voyager 2** Überraschendes heraus: **Io** ist eine vulkanische Welt aus Gestein und Schwefel. Vulkane bedecken seine Oberfläche mit immer neuen Schichten des gelben Elements. Eine Voyager-Raumsonde konnte sogar einen Vulkanausbruch fotografieren.
Callisto hat von allen Himmelskörpern im Sonnensystem die meisten Krater und Einschläge. Er ist vermutlich sehr kalt und nicht vulkanisch aktiv.
Ganymed, der mit 5200 Kilometer Durchmesser größte Mond des Sonnensystems, ist ein über und über mit Kratern bedeckter Himmelskörper und vermutlich eines der ältesten Gebilde des Sonnensystems.
Europa, der kleinste der größeren Monde, ist eine glatte Kugel mit einem Muster feiner, dunkler Risse, die vermutlich eine Eisschicht bedeckt. Unter diesem Eis könnten sich in einem kalten Ozean Formen von Leben entwickelt haben. Der Riesenplanet **Jupiter** selbst ist kein Ort, an dem sich Leben wie auf der Erde entwickelt haben könnte. Nicht nur die Gase seiner Atmosphäre sind lebensfeindlich. Weiter im Inneren der Riesenkugel verfestigen sich die Materialien durch den enormen Druck (ungefähr 100 Millionen Mal der Luftdruck auf der Erde!), doch die Zusammensetzung der Stoffe hat wenig mit uns bekanntem Gestein zu tun. Im Zentrum des Giganten herrschen Temperaturen von über 30 000 °C. Ein dicker Mantel aus Eisen und Silikaten umhüllt einen kleinen Kern, der vor allem aus flüssigem, metallischem Wasserstoff besteht, einer

Jupiter – Gasriese voller Rätsel

Substanz, die auf der Erde nicht vorkommt. Dieses durch Druck verfestigte Gas, das zugleich die Eigenschaften eines Metalls besitzt, ist auch die Ursache für das gewaltige Magnetfeld des Planeten Jupiter, das mehrere Millionen Kilometer weit in den Weltraum hinausragt.
Um den Kern des größten Planeten herum herrschen Druckverhältnisse, die dem Dreimillionenfachen des Luftdrucks auf der Erde entsprechen, und Temperaturen von 10 000 bis 28 000 °C. Damit ist es dort heißer als an der Oberfläche der Sonne! Der innere Mantel ist wiederum von einer 20 000 Kilometer dicken Schicht umgeben, die hauptsächlich die Gase Wasserstoff und Helium enthält und nur noch 40 °C warm ist. Der Druck erreicht hier immerhin noch das 100fache des irdischen Luftdrucks. Die Gaskugel Jupiter dreht sich mit großer Geschwindigkeit um die eigene Achse. Die Tage und Nächte auf Jupiter sind kurz: Knapp 10 Stunden braucht der Riesenplanet für eine volle Umdrehung. Und noch seltsamer: Nicht der gesamte Planet dreht sich gleich schnell! Die größte Rotationsgeschwindigkeit erreicht er rund um den Äquator – die übrigen Teile des Planeten folgen mit „Verspätung“. Der Planet Jupiter birgt noch viele Geheimnisse. Erst die Raumsonde Voyager 2 hat das Ringsystem des Jupiter entdeckt, 3 nur etwa 30 Kilometer dicke, zusammen etwa 6500 Kilometer breite Ringe. Sie sind im Vergleich zu den eindrucksvollen Ringen des Saturn zarte Gebilde, die wir von der Erde aus kaum wahrnehmen können. Ein weiteres Rätsel Jupiters ist seine Vielfarbigkeit.

Saturn – seine Ringe und Monde

Der Planet Saturn mit 3 Monden und Mondschatten

SATURN

Durchmesser am Äquator:	**120 000 Kilometer**
Masse (Erde = 1):	**95,2**
Mittlere Dichte (Erde = 1):	**0,12**
Schwerkraft (Erde = 1):	**1,08 – ein Erwachsener von 80 kg wäre so schwer wie 86,5 kg**
Länge eines Tages:	**10,67 Stunden**
Atmosphäre (Hauptbestandteil):	**Wasserstoff**
Anzahl der Monde:	**23**
Bahngeschwindigkeit:	**9,64 Kilometer pro Sekunde**
Mittlere Entfernung von der Sonne:	**1432 Millionen Kilometer**
Länge eines Jahres:	**29,46 Erdjahre**

Der zweitgrößte Planet des Sonnensystems umkreist die Sonne in rund 1,5 Milliarden Kilometer Entfernung, und er ist damit 10-mal so weit vom Zentralstern des Sonnensystems entfernt wie die Erde – und immerhin doppelt so weit wie der andere große Planet Jupiter.
Lange Zeit konnte man Einzelheiten auf Saturn auch mit den stärksten Fernrohren kaum erkennen und wusste deshalb wenig über diesen Planeten.
Halbwegs deutlich wahrzunehmen waren die Ringe des Saturn und seine einförmige sandfarbene Wolkendecke. Was mochte darunter verborgen sein? Eine heiße Steinwüste? Meere aus flüssigen Gasen? Geschmolzenes Gestein?
Bald fanden Forscher mit Geräten zur Untersuchung des Lichts (Spektrometer)

Die Sonne, von Uranus aus gesehen

heraus, dass Saturn aus ähnlichen Stoffen zusammengesetzt ist wie sein „großer Bruder“ Jupiter: Wasserstoff, Helium, Stickstoff, Methan und Ammoniak sind die häufigsten Elemente und Verbindungen auf Saturn. Wie bei Jupiter vermutet man unter den Oberflächenschichten im Zentrum des Planeten einen festen Kern, der im Falle des Saturn aus einer Schale metallischen Wasserstoffs mit darunter liegendem Zentrum aus Silikaten, Eisen und Wassereis bestehen könnte. Der Vorbeiflug der Raumsonde **Voyager 1** zeigte im Jahr 1979, dass die Wolkendecke des Saturn ebenso in Streifen und Wirbel gegliedert ist wie die des Jupiter, und dass sich auch in der Atmosphäre Saturns gewaltige Gewitter mit Entladung großer elektrischer Energien abspielen. Ovale Sturmsysteme umkreisen den Planeten mit gleich bleibender Geschwindigkeit ähnlich wie bei Jupiter. In einem Punkt unterscheidet sich die Gaskugel Saturn deutlich: Er ist weniger dicht als Jupiter.
Ein Kubikzentimeter Saturn-Materie wiegt im Durchschnitt nur 0,7 Gramm. Der ganze Planet ist leichter als Wasser und würde, gäbe es nur ein genügend großes Meer, darauf schwimmen! Die erste Beobachtung des Ringplaneten mit dem Fernrohr im Jahr 1610 gab dem Astronomen **Galilei** Rätsel auf: Hatte der Planet seitliche Ausbuchtungen? Erst 1655 fand der Gelehrte **Christiaan Huygens** die Erklärung für Galileis Beobachtung: Dieser hatte, ohne es zu ahnen, die Ringe des Saturn entdeckt. Galilei konnte nicht erklären, was er sah, weil sein einfaches Teleskop das Ringsystem nur verzerrt darstellte.

Das Ringsystem des Saturn

Saturn, von seinem Mond Thetys aus betrachtet

Sein Ringsystem gliedert sich in sieben Hauptbänder (A bis G), dessen äußerstes Band bis zu 400 000 Kilometer in den Raum hinausragt. Genauer betrachtet, zerfallen die Hauptbänder in zahllose kleinere Ringe. **Voyager 1** und **Voyager 2** fotografierten über 100 000 Einzelringe! Die Materie in der nur 30 Meter dicken Schicht der Ringe besteht zum größten Teil aus millimeter- bis zentimetergroßen Eispartikeln und eisumhüllten Felsstücken. Auch Brocken von der Größe eines Mehrfamilienhauses kommen vor. Vermutlich stammt das Ringsystem aus Zusammenstößen von Monden und Meteoriten und aus dem Gestein von Monden, die dem Saturn zu nahe gekommen sind und von seiner Schwerkraft zerrissen wurden. Die Bruchstücke haben sich durch die Anziehungskraft der Monde ausgerichtet und in der Ringebene gesammelt. Jedes der Ringteilchen besitzt eine eigene Umlaufbahn und Geschwindigkeit und es kommt zwischen ihnen immer wieder zu Zusammenstößen. So werden die Teilchen langsam zu immer feinerem Staub zermahlen.

Das Ringsystem gibt der Wissenschaft noch zahllose Rätsel auf: Wie kann es zu geflochtenen, verklumpten, in sich gedrehten, gar zu spiralförmigen Ringen kommen? Welche Kräfte „sortieren" die Partikel in den einzelnen Ringen nach ihrer Größe? Welche Kräfte sorgen dafür, dass die Einzelringe und -bänder so scharf umgrenzt und in ihrer Dicke so „hauchdünn" sind?

Die Monde des Saturn

Saturn besitzt 23 Monde, die man nach ihrer Entfernung zum Planeten in die inneren

und die äußeren Monde aufteilt. Die inneren Monde sind nur schwer zu beobachten, weil sie meist durch das Ringsystem verdeckt sind.
Einige interessante Einzelheiten über die Monde des Saturn: **Janus** und **Epimetheus** bewegen sich auf einer gemeinsamen Bahn, stoßen aber niemals zusammen. **Mimas**, ein kleiner Felsenmond, trägt den riesigen „Todessternkrater" von 100 Kilometern Durchmesser. Der Zusammenprall mit einem Meteoriten muss den Mond fast in Stücke gesprengt haben. **Enceladus** besitzt vermutlich eine glatte Oberfläche aus Wassereis. Hell wie kein anderer Himmelskörper wirft er das Licht der Sonne zurück. **Thetys** ist ein Eismond von etwa 1000 Kilometer Durchmesser. Seine Besonderheiten: der riesige Einschlagkrater Odysseus (über 400 Kilometer Durchmesser!) und ein Schluchtensystem von 3 Kilometer Tiefe. **Prometheus** und **Pandora**, die so genannten „Schäferhundmonde", gestalten durch ihre Umlaufzeiten und ihre Schwerkraft den F-Ring zu einem verflochtenen Band. **Titan**, der mit 5100 Kilometer Durchmesser größte Mond des Saturn, besitzt eine Atmosphäre, in der die flüssigen Kohlenwasserstoffe Ethan und Methan vorkommen. Diese Kohlenstoffverbindungen könnten auch der Ursprung des Lebens auf der Erde gewesen sein.
Vielleicht befindet sich dieser Mond an einem Punkt seiner Entwicklung, der dem der Erde vor 4 Milliarden Jahren entspricht. Dennoch kann sich auf Titan kein Leben wie auf der Erde entwickeln. Es ist auf diesem Planeten finster und eisig kalt.

Uranus – seine Ringe und Monde

Je weiter wir ins Weltall vordringen, desto schwieriger wird es, genaue Informationen über einen Himmelskörper zu erlangen.
Über den blaugrünen Planeten Uranus wusste man lange Zeit nicht sehr viel. Erst durch den Vorbeiflug der Raumsonde **Voyager 2**, die schon Jupiter und Saturn erkundet hatte, wurden wirklich sichere Erkenntnisse möglich.
Von Saturn aus benötigte die Raumsonde etwa 4,5 Jahre um Uranus zu erreichen.
Auch Uranus dreht sich, wie alle Planeten, um seine eigene Achse. Allerdings liegt dieser Planet sozusagen auf der Seite, denn er rotiert schräg zu seiner Umlaufbahn. Uranus wurde vielleicht durch eine Kollision mit einem anderen Planeten von der Größe der Erde gekippt. Auch besitzt er ein „schiefes" Magnetfeld, das um 60 Grad geneigt ist.

Die Sonne, von Uranus aus gesehen

Die eisige Atmosphäre des Uranus besteht aus einer hoch verdichteten Mischung aus Wasserstoff, Helium und Wasser. Eine äußere dünne Dunstschicht aus Methaneiskristallen verbirgt die Oberfläche darunter vor den Blicken eines Beobachters. Die Kugel wirkt formlos und nebelig. Uranus besitzt 15 Monde, davon 5 größere und 10 sehr kleine.

Oberon ist der äußere der 5 großen Monde.
Titania (1600 Kilometer Durchmesser) hat lange, durch gefrorenes Wasser entstandene Täler.
Umbriel, ein Kratermond, zeigt einen einzigen weißen Ring, vermutlich aus Eis.
Ariel besitzt ein Netz aus Tälern, die den Senkungsgräben auf der Erde ähnlich sind. Sie sind entstanden, als die Oberfläche des Mondes sich vor Milliarden von Jahren ausdehnte und Risse bekam, durch welche flüssige Lava hervordrang.
Miranda wird „der Trümmermond" genannt. Im Lauf seiner Geschichte streiften ihn immer wieder Bruchstücke von Planeten und zerstörten ihn. Seine Trümmer ballten sich jedoch immer wieder zusammen.

Die 11 Ringe des Uranus bestehen aus relativ großen, dunklen Objekten. Es handelt sich nicht um Staub, sondern vermutlich um dunkle Gesteinsbrocken. Vielleicht sind diese Bruchstücke bei der Zerstörung eines weiteren Mondes entstanden.

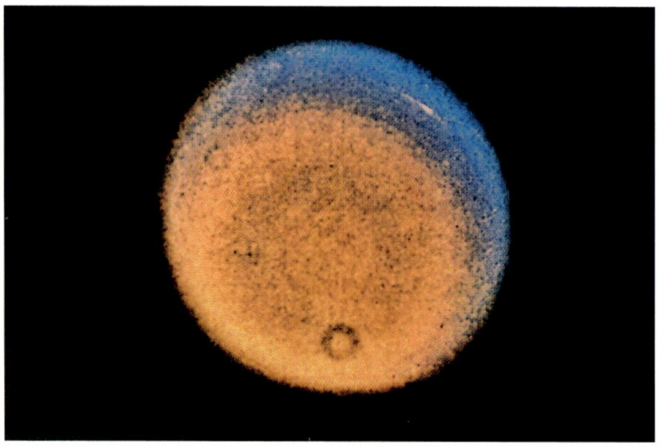

Der Planet Uranus in Falschfarbendarstellung

URANUS

Durchmesser am Äquator:	**52 400 Kilometer**
Masse (Erde = 1):	**14,6**
Mittlere Dichte (Erde = 1):	**0,23**
Schwerkraft (Erde = 1):	**0,92 – ein Erwachsener von 80 kg wäre so schwer wie 73,5 kg**
Länge eines Tages:	**17,4 Stunden**
Atmosphäre (Hauptbestandteil):	**Wasserstoff**
Anzahl der Monde:	**15**
Bahngeschwindigkeit:	**6,81 Kilometer pro Sekunde**
Mittlere Entfernung von der Sonne:	**2884 Millionen Kilometer**
Länge eines Jahres:	**84,6 Erdjahre**

Neptun – seine Ringe und Monde

Der blaugrüne Riesenplanet wurde erst 1846 entdeckt. Er ist nur wenig kleiner als Uranus. Seine Atmosphäre besteht zu 97 Prozent aus Wasserstoff und Helium, enthält aber auch Methan. Auffälliges Merkmal an der Oberfläche ist der **Schwarze Fleck**, ein Sturmsystem ähnlich dem **Roten Fleck** auf Jupiter. Die gesamte Kugel des Neptun wird von kalten, zusammengepressten Gasen und Eis gebildet. In seinem Inneren besitzt Neptun eine Wärmequelle, denn er strahlt mehr als 2,5-mal so viel Energie ab, wie er von der Sonne bekommt. Festen Boden unter den Füßen hätte ein Besucher des Neptun nicht. Außerdem wäre er unglaublich starken Stürmen, bis zu 1200 Kilometer pro Stunde, ausgesetzt. Das ist mehr als 5-mal so stark wie die stärksten Stürme auf der Erde.

Die Sonne, von Neptun aus gesehen

Neptun besitzt 8 Monde. Den größten Mond, **Triton** (2705 Kilometer Durchmesser), kann man schon fast selbst als Planeten bezeichnen. Er ist eine rötlich blaue Kugel und besitzt eine Atmosphäre aus Methan und Stickstoff und ist mit Stickstoff- und Methaneis bedeckt, unter dem man eine Schicht von Wassereis vermutet. Auf seiner „Sommerseite" fließen vielleicht Ströme aus kaltem Flüssigstickstoff oder aus Ammoniak. Triton ist einer der kältesten bekannten Orte im Sonnensystem.
Möglicherweise gibt es auf Triton sogar Eisberge aus gefrorenem Methan. Eine Sensation war die Entdeckung von Stickstoff-Geysiren auf Triton. Von Zeit zu Zeit brechen sie aus und schleudern Gas, Eis und Gestein mehrere Kilometer hoch in die Atmosphäre.
Der große Mond Triton stürzt wegen seiner ungewöhnlichen Bahn auf Neptun zu und er wird in etwa 100 Millionen Jahren von dessen Gezeitenkräften zerrissen werden. Seine Trümmer werden ein neues Ringsystem bilden.
Das Ringsystem des Neptun ist unvollständig. Die Ringe sind nicht völlig geschlossen.
Der zweite, seit 1949 bekannte Mond trägt den Namen **Nereide**. 6 weitere Monde wurden von der Raumsonde **Voyager 2** im Jahr 1989 entdeckt.

Der Planet Neptun mit Großem Schwarzen Fleck

NEPTUN	
Durchmesser am Äquator:	**48 600 Kilometer**
Masse (Erde = 1):	**17,2**
Mittlere Dichte (Erde = 1):	**0,29**
Schwerkraft (Erde = 1):	**1,09 – ein Erwachsener von 80 kg wäre so schwer wie 87 kg**
Länge eines Tages:	**17,2 Stunden**
Atmosphäre (Hauptbestandteil):	**Wasserstoff**
Oberflächentemperatur	**–200 °C**
Anzahl der Monde:	**8**
Bahngeschwindigkeit:	**5,43 Kilometer pro Sekunde**
Mittlere Entfernung von der Sonne:	**4509 Millionen Kilometer**
Länge eines Jahres:	**165,5 Erdjahre**

Pluto – der Planet der Finsternis

Der Planet Pluto

Der zuletzt entdeckte Planet des uns bekannten Sonnensystems, der nach dem griechischen Gott der Unterwelt benannte Pluto, ist mehr als 4 Milliarden Kilometer entfernt.
Ein Lichtstrahl der Sonne braucht 4 Stunden und 7 Minuten, um ihn zu erreichen. Und das auch nur, wenn Pluto in Sonnennähe steht. Auf dem sonnenfernsten Punkt seiner Bahn ist der Planet sogar über 7 Milliarden Kilometer entfernt – 46-mal so weit wie die Erde. Eine unvorstellbare Strecke! Deshalb konnte man bis vor wenigen Jahren auch nur Vermutungen über Pluto anstellen. Pluto ist so weit von der Sonne entfernt, dass er für einen Umlauf um die Sonne ungefähr 250 Jahre benötigt.

Die Sonne, von Pluto aus gesehen; im Vordergrund der Mond Charon

Nur ein winziger Bruchteil der Sonnenenergie erreicht Pluto. Seine eiskalten Landschaften liegen unter dem schwachen Licht der fernen Sonne, die seinen dunklen Mond Charon nur schwach zum Leuchten bringt. Dieser ferne Begleiter der Sonne, der von der Erde aus auch in den stärksten Fernrohren nur als winziger Punkt erscheint, leuchtet viel schwächer als die ihn umgebenden Sterne. Man schätzte seinen Durchmesser früher auf 5400 Kilometer und hielt ihn für eine tote Felsenwelt ohne Atmosphäre. Neuere Untersuchungen brachten unerwartete Ergebnisse: Zunächst fand man heraus, dass Pluto nur ein Zwergplanet ist, einen Durchmesser von etwa 2200 Kilometer hat und nur zwei Tausendstel der Erdmasse besitzt. Damit ist er kleiner als mancher Mond von Jupiter und Saturn.

Pluto – der Planet der Finsternis

Ihn umhüllt aber eine dünne Atmosphäre aus Methan. Einige Forscher halten Pluto für einen „entflohenen“ Mond des Neptun.
Doch damit nicht genug: Die Verwunderung der Wissenschaftler war groß, als sie feststellten, dass Pluto einen ungewöhnlich großen Mond besitzt: **Charon**, eine Kugel aus Wassereis und Felsgestein mit 1200 Kilometer Durchmesser. Nach Meinung einiger Wissenschaftler stellt das Paar Pluto/Charon einen Doppelplaneten dar. Beide umkreisen die Sonne auf einer stark geneigten, völlig ungewöhnlichen Bahn und kreuzen dabei sogar die Bahn des Planeten Neptun.
Lange Jahre zuvor hatten Astronomen aus Bahnunregelmäßigkeiten des Neptun auf einen weiteren Planeten geschlossen. Irgendeine geheimnisvolle Masse weit draußen hatte den Planeten Neptun ein Stück von seiner gewöhnlichen Bahnkurve abgelenkt. War dies der neunte Planet?
Die tatsächliche Entdeckung des Planeten Pluto im Jahr 1930 verdankt die Wissenschaft dem Astronomen **Clyde Tombaugh**. Er untersuchte Sternfotografien (unten) und stieß beim Vergleich zweier Aufnahmen auf einen winzigen Punkt, der sich in der Zeit zwischen den beiden Aufnahmen bewegt haben musste (siehe S. 76).

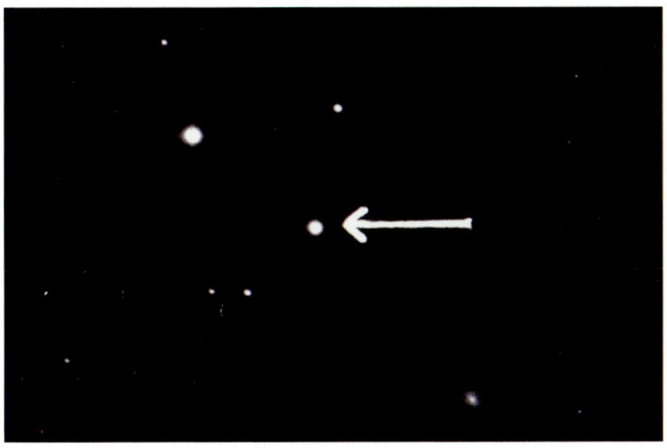

Von der Erde aus nur ein winziger Lichtfleck: der Planet Pluto

PLUTO	
Durchmesser am Äquator:	2284 Kilometer
Masse (Erde = 1):	0,003
Mittlere Dichte (Erde = 1):	0,39
Schwerkraft (Erde = 1):	0,067 – ein Erwachsener von 80 kg wäre so schwer wie 5,5 kg
Länge eines Tages:	153,29 Stunden
Atmosphäre (Hauptbestandteil):	Methan
Oberflächentemperatur:	unter –200 °C
Anzahl der Monde:	1
Bahngeschwindigkeit:	4,74 Kilometer pro Sekunde
Mittlere Entfernung von der Sonne:	5966 Millionen Kilometer
Länge eines Jahres:	247,7 Erdjahre

Der zehnte Planet – gibt es ihn?
Nach der Entdeckung des Planeten Pluto zeigte sich, dass die Masse dieses Planeten bei weitem nicht ausreichte, um die zuvor beobachteten Unregelmäßigkeiten der Neptunbahn überzeugend zu erklären.
Was also hatte diese Bahnabweichungen Neptun verursacht? Ein rätselhafter zehnter Planet **Transpluto**? Oder ein geheimnisvoller Stern **Nemesis** (nach der griechischen Göttin für die strafende Gerechtigkeit), eine lichtschwache Schwester der Sonne in den Tiefen des Weltraums? Vielleicht werden es die Voyager-Sonden herausfinden, die nun in die Tiefe des Raumes jenseits des bekannten Sonnensystems hinausfliegen. Ihre Sender werden noch lange Daten zur Erde senden.

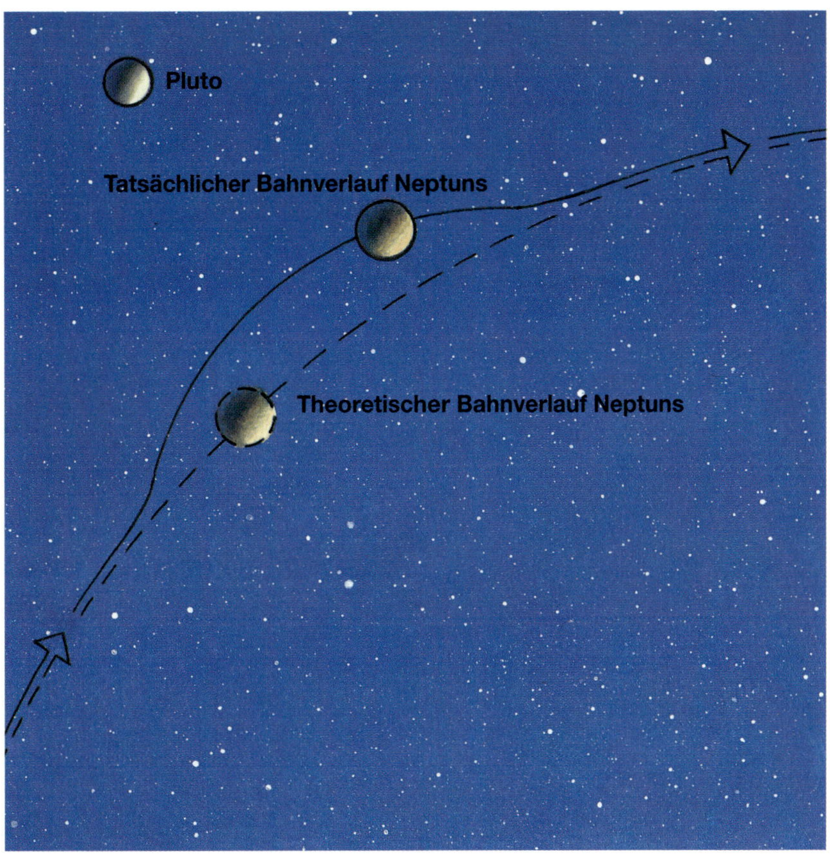

Bahnablenkung des Neptun durch einen entfernten Himmelskörper

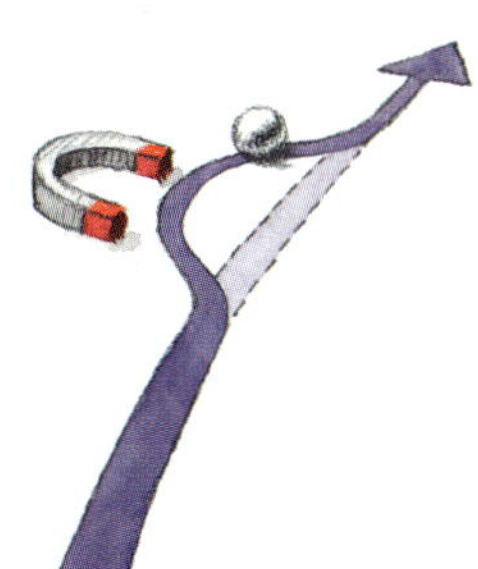

Kometen – staubige Schneebälle im All

Der Komet – ein Zeichen am Nachthimmel?

Wenn in früheren Zeiten ein Komet auftauchte, rief das bei den Menschen Angst und Schrecken hervor. Diese ungewöhnliche Leuchterscheinung am Himmel trat völlig unerwartet auf, wuchs manchmal zu bedrohlicher Größe, war vielleicht für einige Tage am Himmel sichtbar und verschwand aus unerklärlichen Gründen wieder, wie sie gekommen war.
Als Erster entschlüsselte der englische Astronom **Edmond Halley** eines ihrer Geheimnisse. Im Jahr 1682 beobachtete er einen dieser geheimnisumwitterten Himmelskörper, verfolgte dessen Bahn und versuchte sie zu berechnen. Er durchstöberte dazu alte Aufzeichnungen und entdeckte, dass bereits früher, und zwar immer in einem regelmäßigen Abstand von 76 Jahren, ein ähnlicher Komet aufgetaucht war.

Der Komet Halley nähert sich der Sonne

Halley kam zu dem Schluss, dass es sich in allen Fällen um den selben Himmelskörper handelte, der sich auf einer stark elliptischen Bahn bewegen musste. Auf dieser Bahn kam er der Sonne für kurze Zeit sehr nahe, bevor er wieder für viele Jahre in der Tiefe des Sonnensystems verschwand. Ein erneutes Auftauchen sagte Halley für Weihnachten 1759 voraus. Er behielt Recht. Das Eintreffen des Kometen erlebte er jedoch nicht mehr. Ihm zu Ehren trägt der Komet, der noch immer regelmäßig erscheint, seinen Namen. Andere der bisher immer wiederkehrenden Kometen verschwanden plötzlich und neue tauchten unerwartet auf.

Kometen – staubige Schneebälle im All

Man nimmt an, dass alle Kometen die Sonne auf lang gezogenen Ellipsen umlaufen, wobei der sonnennächste Punkt zwischen den Umlaufbahnen der Venus und des Merkur liegt. Der sonnenfernste Punkt einer Kometenbahn wird zwischen der Neptun- und der Plutobahn vermutet. Doch kann die Bewegung durch die Planeten stark beeinflusst werden. Diese nehmen einen Kometen durch ihre Anziehungskraft „ein Stück mit". Die Flugrichtung des Kometen ändert sich dann. Sie sind die „Tramper" im Sternsystem.

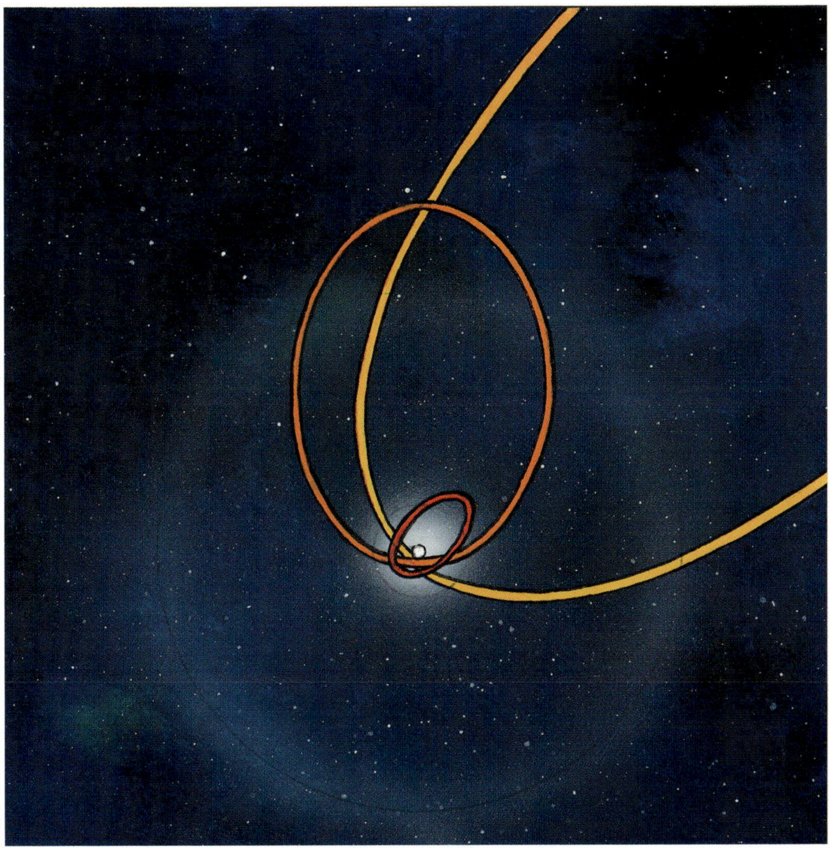
Die unterschiedlichen Bahnen der Kometen um die Sonne

Der Kopf eines Kometen
In Sonnennähe wird der Komet aufgeheizt, seine äußeren Schichten verdampfen und bilden eine riesige Gaswolke, die einen Durchmesser von 100 000 Kilometer erreichen kann. Die *Koma*, wie diese Wolke bezeichnet wird, leuchtet im Sonnenlicht und verdeckt so den eigentlichen „Kern" des Kometen. Er besteht überwiegend aus Eis und ist zum Teil mit dunklem Staub bedeckt. Kern und Koma werden als Kopf des Kometen bezeichnet.

Der Kometenschweif
Einige Kometen zeigen auch hell leuchtende Schweife, die mehrere Millionen Kilometer lang und damit weit größer als die Koma sein können. Der so genannte *Plasmaschweif* ist pfeilgerade und weist immer genau von der Sonne weg. Die elektrisch aufgeladenen Gasteilchen des Kometen werden vom *Sonnenwind*, winzigen Teilchen (Protonen), die von der Sonne mit großer Geschwindigkeit ausgestoßen werden, „weggeweht". Das Licht der Sonne treibt auch die ungeladenen Staubteilchen im Kometenschweif fort. So entsteht der breitere *Staubschweif*.

Der Komet Halley mit Plasma- und Staubschweif

Die leuchtende Spur eines Meteors

Bei klarem Abend- oder Nachthimmel beobachtet man oft eine helle Leuchtspur, die vor dem Hintergrund der Sterne vorüberhuscht und dann erlischt. Diese Lichterscheinung ist ein *Meteor*. Ein kleiner fester Körper oder *Meteorit* verursacht sie. Er trifft mit großer Geschwindigkeit (bis zu 70 Kilometer pro Sekunde) auf die Lufthülle der Erde.

Ein großer Meteorit schlägt ein

Meteoriteneinschläge

Man schätzt, dass jeden Tag mehr als 1 Million Meteoriten in die Erdatmosphäre gelangen. Häufig wird ein mit bloßem Auge sichtbarer Meteor von einem Meteoriten verursacht, der kleiner als ein Sandkorn ist. Solche „Sternschnuppen" dringen jedoch nicht tiefer als bis zu 80 Kilometer Höhe in die Atmosphäre ein.

Ein in Australien gefundener Steinmeteorit

Größere Meteore bezeichnet man als *Feuerkugeln*. Sie ziehen eine lange, helle Leuchtspur hinter sich her und verglühen erst in einer Höhe von etwa 50 Kilometer. Doch es gibt auch „große Brocken": Der größte bisher auf der Erde gefundene Meteorit ist ein Eisenklotz mit 60 000 Kilogramm Gewicht, der 1920 im südlichen Afrika entdeckt wurde.

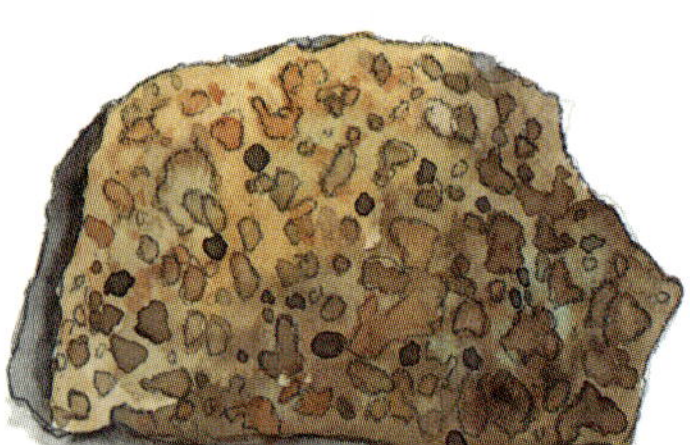

Der Hoba-Eisenmeteorit in Namibia (Afrika)

Fast alle gefundenen Meteoriten bestehen im Wesentlichen aus Eisen oder aus Stein, und sie unterscheiden sich in der Zusammensetzung nicht von Materie, wie sie auch auf den Planeten vorkommt. Auf dem Mond, wo die Meteoriten nicht durch eine Atmosphäre abgebremst und zerstört werden, zeugen die vielen Einschlagkrater von ihrer Häufigkeit und Wirkung.

Einschläge großer Meteoriten auf der Erde sind zum Glück höchst selten. Man hat etwa 100 Krater gefunden, die auf große Meteoriten zurückzuführen sind. Bekannt ist der Krater im **Diabolo-Canyon** in Arizona, Nordamerika, mit einem Durchmesser von mehr als 1 Kilometer und einer Tiefe von 170 Meter. Man nimmt heute an, dass vor etwa 20 000 Jahren ein Meteorit von 30 Meter Größe und einer Masse von 150 Millionen Kilogramm eingeschlagen ist. Da man den Meteoriten selbst nicht gefunden hat, nimmt man an, dass er bei seinem Sturz auf die Erde mit einer Geschwindigkeit von 15 Kilometer pro Sekunde – das entspricht genau 54 000 Kilometer pro Stunde – vollkommen verdampft ist. Dabei hat er eine mächtige Druckwelle vor sich aufgebaut, die das kreisrunde Loch geformt hat.

Der Einschlagkrater im Diabolo-Canyon (Arizona)

Einen noch größeren Meteoritenkrater stellt das **Nördlinger Ries** in Süddeutschland dar. Es misst 23 Kilometer im Durchmesser und ist 200 Meter tief. Der Einschlag vor etwa 15 Millionen Jahren muss ein ungeheures Naturereignis gewesen sein, bei dem sich eine unvorstellbare Explosionsenergie entladen hat. Große Zerstörungen hat im Jahr 1908 ein Meteorit in Sibirien angerichtet. Durch die Druckwelle des Meteoriten wurden auf riesigen Landstrichen Bäume wie Streichhölzer abgeknickt. Man vermutet, dass der Einschlag eines großen Meteoriten auch die Ursache für das Aussterben der Saurier war. Seine Trümmer wirbelten so viel Staub auf, dass die Sonne verfinstert wurde. Dadurch starben die Pflanzen allmählich ab und die Dinosaurier fanden keine Nahrung mehr.

Das Nördlinger Ries, ein riesiger Einschlagkrater

Wo befinden sich die Menschen im Weltall?

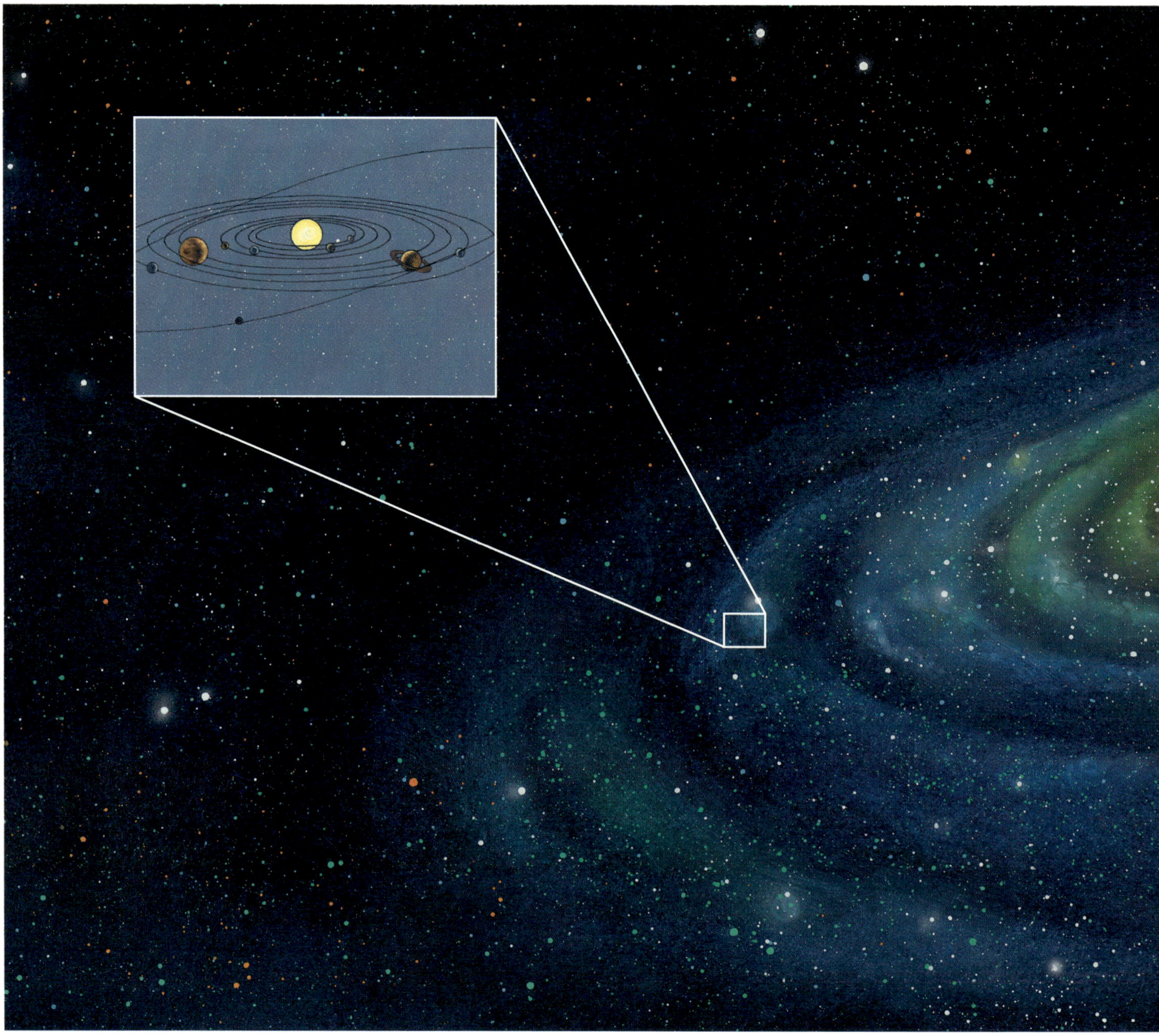

Die Milchstraße

Es war der griechische Gelehrte **Ptolemäus**, der die Erde in den Mittelpunkt des Kosmos stellte. Lange Zeit hielten die Astronomen die Erde für das ruhende Zentrum der Welt. Über eine Scheibe des Erdkreises schwebten in ihrer Vorstellung die Sonne, der Mond und die Sterne.
Im Jahr 1543 veröffentlichte **Nikolaus Kopernikus** ein Werk mit dem Titel „Sechs Bücher über die Umläufe der Himmelskörper", in dem er die Sonne zum Zentrum der Welt erklärte. Ein weiterer Gelehrter, der italienische Mathematiker **Galileo Galilei**, vertrat ebenfalls diese Ansicht. Doch beide irrten sich. Die Sonne, so wichtig sie für uns ist und so groß sie auch erscheinen mag, ist nur ein unbedeutender kleiner Stern im Weltall. Wer in einer klaren Nacht zum Himmel sieht, bemerkt, dass ein weißes, milchig leuchtendes Band sich über das gesamte Firmament zieht: die *Milchstraße*. Sie ist das Sternsystem, in dem sich die Erde, unsere Sonne und das gesamte Planetensystem bewegen.

Die Milchstraße

Die Milchstraße ist eine von vielen Galaxien (griechisch: galak = Milch) im Weltall. Sie bildet eine offene Spirale mit einem kugelförmigen Kern und Spiralarmen. Ihre Form ist für uns nicht zu erkennen, da wir uns in ihr befinden und zwar außen in einem ihrer Arme (s. Kasten auf der Abbildung).
Die Milchstraße enthält über 100 Milliarden Sterne wie die Sonne, aber auch Gas- und Staubmassen, die als dunkle oder leuchtende Nebel Teil der Galaxis sind. Aus ihnen entstehen neue Sterne und vielleicht auch neue Planeten.

Wo befinden sich die Menschen im Weltall?

Die Sonne liegt nahe der Hauptebene der Milchstraße in 32 000 Lichtjahren Entfernung vom Zentrum.
Die Milchstraße ist ein Gebilde von unvorstellbarer Größe. Das Licht benötigt trotz seiner hohen Geschwindigkeit von 300 000 Kilometer pro Sekunde 100 000 Jahre, um von einem Ende der Milchstraße zum anderen zu gelangen. Anders ausgedrückt: Wenn wir uns die Milchstraße als eine Riesenstadt mit einem Durchmesser von 50 Kilometer vorstellen, dann hat unser ganzes Sonnensystem bis zur Bahn des Pluto einen Durchmesser von ungefähr 7,5 Zentimeter – etwa so viel wie eine dicke Tomate. Von der Größe der Erde gar nicht zu reden … Die gesamte Galaxis rotiert um ihr Zentrum. Das Sonnensystem braucht für einen Umlauf etwa 225 Millionen Jahre.

Der Blick zum Zentrum der Galaxis ist uns weitgehend verstellt. Hinter riesenhaften Dunkelwolken verbirgt sich eine Anhäufung von Sternen, die sonst am Nachthimmel so hell wie der Vollmond strahlten. Besonders häufig sind in diesem galaktischen Zentrum alte Sterne aus der Entstehungszeit der Milchstraße. Manche Astronomen vermuten hinter dieser Wand aus Dunkelheit eine ungeheure Energiequelle und zugleich ein großes Geheimnis des Universums: ein schwarzes Loch.
In der Scheibe der Milchstraße finden sich jüngere und ganz junge Sterne. Hier steht sozusagen die „Kinderstube" für Sterne: Aus Gas- und Staubnebeln bilden sich fortwährend neue Sonnen. Die Milchstraße gehört allerdings nicht zu den größten Objekten im Weltall.

Der Andromedanebel

Sonnen, Planeten und Nebel stehen nicht einfach an beliebigen Punkten im Weltraum, sondern sind Teil von großen Gebilden, die man Galaxien nennt. Die Milchstraße ist eine von vielen Milliarden Galaxien im bekannten Weltall.
Wie Inseln in einem riesigen Ozean der Leere sind sie im Weltall verteilt. Früher, als die Astronomen noch ohne Fernrohr arbeiteten, war mit bloßem Auge nur unsere Nachbargalaxie, der **Andromedanebel**, erkennbar.
Aber auch die ersten Teleskope waren noch nicht perfekt. Zwar entdeckten die Beobachter immer neue neblige Flecke in vielen Regionen des Himmels, doch sie waren nur verschwommen zu sehen. Erst als es die großen Spiegelteleskope gab, konnten die Astronomen Einzelheiten der Nebelstrukturen erkennen.

Offener Haufen

Eine erste Entfernungsbestimmung des Andromedanebels versuchte zu Beginn des 20. Jahrhunderts der Astronom **Edwin Hubble**, der am Mount-Wilson-Observatorium in den USA arbeitete und ein 2,5-Meter-Spiegelteleskop für seine Arbeit verwendete. Er errechnete die Entfernung mit 929 000 Lichtjahren. Heute weiß man, dass der Andromedanebel 2 200 800 Lichtjahre von uns entfernt ist. Mit Hilfe moderner Instrumente werden bis heute Millionen von Galaxien beobachtet. Edwin Hubble war der Erste, der Galaxien klassifizierte. Er teilte sie ein in unregelmäßige, spiralförmige und elliptische Galaxien. Außerdem gibt es kugelförmige, Riesen-, Zwerg- und sogar explodierende Galaxien.

Unregelmäßige Milchstraßen und *Offene Haufen* gehören nicht zu den großen Objekten im All, doch sind sie reich an Gas- und Staubnebeln. In ihnen entstehen ständig neue Sonnen. Etwa 5 Prozent aller Galaxien sind unregelmäßige Systeme.
Spiralförmige Galaxien findet man in großer Zahl. Sie unterscheiden sich in Form und Größe, ähneln aber in vielem der Milchstraße, in der sich unser Sonnensystem befindet. Der Andromedanebel ist die uns am nächsten gelegene Spiralgalaxie.
Balkenspiralen besitzen ein balkenförmiges Zentrum und Spiralarme. Auch sie sind in großer Zahl im Weltall zu finden. Etwa 40 Prozent aller Galaxien sind spiralförmig aufgebaut.

Balkenspirale

Elliptische Galaxien stellen die ältesten Formationen im All dar und erreichen die 10fache Größe der Milchstraße. Sie enthalten keine Staub- und Gasmassen, aus denen sich neue Sterne bilden könnten. Etwa 45 Prozent aller Galaxien sind elliptisch geformt.
Kugelsternhaufen finden sich häufig in der Nachbarschaft großer Spiralnebel. Unsere Galaxis und auch der Andromedanebel werden von solchen kleinen Sternanhäufungen begleitet.

Elliptische Galaxie und ein Kugelsternhaufen

Viele Milliarden Sonnen – andere Fixsterne

Galaxien stellen nicht die größte Einheit des Weltalls dar. Sie verbinden sich zu noch größeren Gebilden. Die Milchstraße rechnet man zur **Lokalen Gruppe**. So wird ein Gebilde bezeichnet, das sich aus über 30 Galaxien zusammensetzt. Nur 3 dieser Sterngebilde sind Spiralgalaxien: der **Andromedanebel** (mehr als 2 Millionen Lichtjahre entfernt), die **Milchstraße** und eine Galaxie mit der Bezeichnung **M 33**.
Zu den unregelmäßigen Galaxien zählen die **Große** und die **Kleine Magellan'sche Wolke**, die „nur“ 170 000 beziehungsweise 190 000 Lichtjahre entfernt sind.
Viele Wissenschaftler glauben heute, dass sich alle Galaxien im Weltall zu so genannten *Haufen* und *Superhaufen* gruppieren. Ein solcher Superhaufen zum Beispiel im Sternbild Jungfrau enthält dutzende Galaxien.
Zwischen diesen Anhäufungen von Milliarden und Abermilliarden von Sternen befinden sich blasenförmige Räume unvorstellbar großer Leere.
Manche Forscher vergleichen das Weltall im Aufbau mit einem Schwamm. Ein Riesenschwamm allerdings – die Hohlräume sind 150 Millionen Lichtjahre groß! Vielleicht haben sie sich durch Explosionen von besonders großen Sternen (so genannten *Mega-Sternen*) gebildet, die sich kurz nach der Entstehung des Universums ereigneten. Möglicherweise, so behaupten einige Wissenschaftler, enthalten sie auch eine andere Art von Galaxien – dunkel, fremd und uns völlig unbekannt …
Das größte Objekt, das die Wissenschaft bisher im Weltall gefunden hat, ist die so genannte **Große Mauer**, eine unvorstellbar ausgedehnte Ansammlung von verschiedenen Galaxien.

Jeder Lichtpunkt eine Sonne – Milliarden Welten im All

Sie ist 500 Millionen Lichtjahre lang, 200 Millionen Lichtjahre breit und 15 Millionen Lichtjahre dick.
Die gesamte *Lokale Gruppe* und mit ihr unsere Milchstraße wird von einem anderen Riesenobjekt angezogen, auf das die Galaxien mit 650 Kilometer pro Sekunde zurasen. Es wird der **Große Attraktor** (= Anzieher) genannt und es muss ein Superhaufen mit 100 Billionen Sonnen sein.

Leider verhindern die Dunkelwolken der Milchstraße den Blick auf dieses rätselhafte Gebilde.
Wir Menschen sind in einem riesenhaften Universum zu Hause. 5 Milliarden Lichtjahre weit hinaus reichen unsere Spiegelteleskope und selbst in dieser Entfernung zeigen sich Milchstraßen. Mehr als 10 Milliarden Lichtjahre lauschen Radioteleskope ins All und auch von dort empfangen sie Signale von Sonnen, Galaxien und rätselhaften neuen Himmelskörpern. Jeden Tag zeigt uns die Wissenschaft Astronomie: Die Erde ist nicht mehr als ein winziges Atom in einer Ewigkeit von Raum und Zeit und unsere Sonne ist nur eine unter unendlich vielen Sonnen.

Rote Riesen – weiße Zwerge

Wir sehen die Sonne fast jeden Tag und sind an ihr helles weißes Licht gewöhnt. Was aber wäre, wenn unsere Sonne rot leuchten würde? So wird es auch irgendwann sein – aber erst in Millionen von Jahren.
Eine Sonne leuchtet nämlich nicht ewig. Sie durchläuft einen Lebensweg und geht zu einem unbestimmten Zeitpunkt aus.

So sähe es auf der Erde aus, wäre die Sonne ein roter Zwerg …

Es gibt zahlreiche unterschiedliche Sonnentypen. Abhängig von ihrer Masse entwickeln sich Sonnen voneinander abweichend. Die Astronomen haben ein System entwickelt, um die Sonnen und ihre Entwicklung einzuordnen. Dabei gingen sie von den beobachteten Farben der Sterne aus und unterteilten sie in *blaue, weiße, gelbe* und *rote Sonnen*.

… ein blauer Überriese …

Bald jedoch zeigte sich, dass es einer genaueren Unterteilung bedurfte. Die beiden Forscher **Ejnar Hertzsprung** und **Henry Norris Russell** entwickelten ein Schema, das den Namen **Hertzsprung-Russell-Diagramm** trägt. In dieses wurden alle existierenden Sonnentypen in verschiedene Gruppen und Reihen je nach ihrer Leuchtkraft eingeordnet und klassifiziert.

… ein weißer Zwerg.

Es gibt in diesem Diagramm Sonnen der Typen (Spektralklassen) O, B, A, F, G, K, M. Sonnen der Spektralklasse O zum Beispiel sind so genannte *blaue Überriesen*, also heiße, massereiche Sterne mit nur kurzem Leben. Es gibt auch „kühle" *rote Riesen* der Spektralklasse M. Die meisten Sonnen im Weltall gehören übrigens zum G-Typ und sind unserer Sonne recht ähnlich.

Eine Sonne vom G-Typ

Unendlich viele Galaxien – riesige und dennoch winzige Welteninseln in einem unvorstellbar leeren All

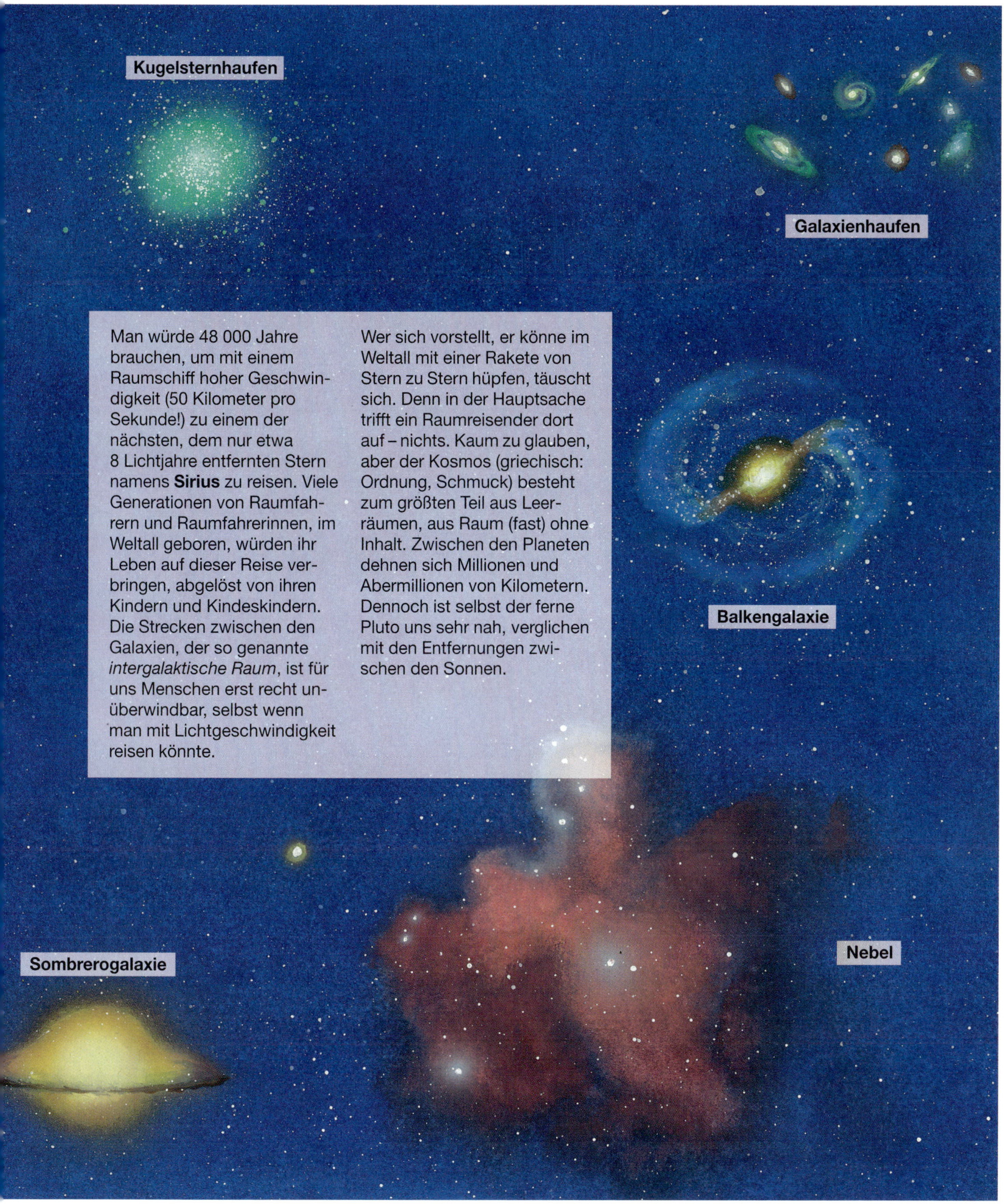

Man würde 48 000 Jahre brauchen, um mit einem Raumschiff hoher Geschwindigkeit (50 Kilometer pro Sekunde!) zu einem der nächsten, dem nur etwa 8 Lichtjahre entfernten Stern namens **Sirius** zu reisen. Viele Generationen von Raumfahrern und Raumfahrerinnen, im Weltall geboren, würden ihr Leben auf dieser Reise verbringen, abgelöst von ihren Kindern und Kindeskindern. Die Strecken zwischen den Galaxien, der so genannte *intergalaktische Raum*, ist für uns Menschen erst recht unüberwindbar, selbst wenn man mit Lichtgeschwindigkeit reisen könnte.

Wer sich vorstellt, er könne im Weltall mit einer Rakete von Stern zu Stern hüpfen, täuscht sich. Denn in der Hauptsache trifft ein Raumreisender dort auf – nichts. Kaum zu glauben, aber der Kosmos (griechisch: Ordnung, Schmuck) besteht zum größten Teil aus Leerräumen, aus Raum (fast) ohne Inhalt. Zwischen den Planeten dehnen sich Millionen und Abermillionen von Kilometern. Dennoch ist selbst der ferne Pluto uns sehr nah, verglichen mit den Entfernungen zwischen den Sonnen.

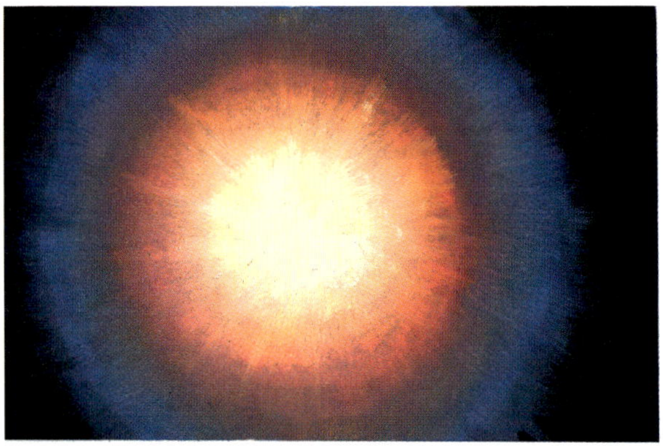

Der Urknall …

… das Universum dehnt sich seither aus …

… die Himmelsobjekte entfernen sich voneinander

Früher war man der Auffassung, das Weltall sei räumlich unendlich groß und zeitlich ohne jede Grenzen. Man glaubte, es sei immer da gewesen und werde immer da sein. Auch die Sterne hielt man lange Zeit für unveränderlich. Neuere Forschungsergebnisse sehen dies anders. Wir wissen heute mit ziemlicher Sicherheit: Das Weltall ist in einer gewaltigen Explosion, dem *Urknall*, entstanden. Es ist ungefähr 15 Milliarden Jahre alt. Seit dem Urknall dehnt es sich aus und sein für uns erkennbarer Teil hat einen Durchmesser von ungefähr 15 Milliarden Lichtjahren.

Vom Augenblick der Entstehung an flogen alle Galaxien voneinander weg und strebten auseinander. Diese Bewegung wurde jedoch durch die Gravitation gebremst. Das ist die Kraft, mit der Massen einander anziehen. Ob das Weltall sich immer weiter ausdehnen wird oder eines Tages in dieser Bewegung innehält und sich wieder zusammenzieht, hängt von der Menge der Materie im Weltall ab.

Es gibt zwei Möglichkeiten:

• Wenn es zu wenig Materie gibt, kann sich das Weltall endlos weiter ausdehnen.

• Überschreitet die Masse der Materie aber eine gewisse Grenzmenge, wird die Ausdehnung mit der Zeit langsamer und kommt schließlich zum Stillstand. Danach fliegen alle Himmelskörper wieder aufeinander zu. Das All würde sich in diesem Fall wieder zusammenziehen und wahrscheinlich in einem schwarzen Loch zusammenfallen.

Da wir derzeit nicht genau wissen, wie viel Masse im All verteilt ist, können wir auch nicht voraussagen, wie sich das Weltall entwickeln wird.

Die „Augen“ der Astronomie

Moderne Spiegelteleskope

Lichtempfindliche Fernrohre benutzen Spiegel statt Linsen, um das Licht weit entfernter Sterne zu sammeln. Sie sind so leistungsstark, dass man ein Glühwürmchen noch in 500 Kilometer Entfernung entdecken könnte. Doch trübt die Lufthülle der Erde ihren scharfen Blick. Riesenfernrohre stehen daher auf Berggipfeln mit klarer Sicht.

Teleskop mit einem 4 Meter großen Spiegel

Radioteleskope

Radioteleskope fangen keine Licht-, sondern Radiowellen auf. Damit werden auch Rundfunk- und Fernsehprogramme übertragen. Weil Sterne Radiowellen aussenden, kann man sie damit beobachten. Das größte, voll bewegliche Radioteleskop der Erde steht in Deutschland bei Effelsberg, in der Nähe von Bonn.

Der Spiegel aus Metallgittern hat einen Durchmesser von 100 Meter und kann sich drehen und neigen. Man kann damit in unterschiedliche Richtungen schauen und auch den zu beobachtenden Objekten auf ihrer Bahn folgen.

Radioteleskop Effelsberg

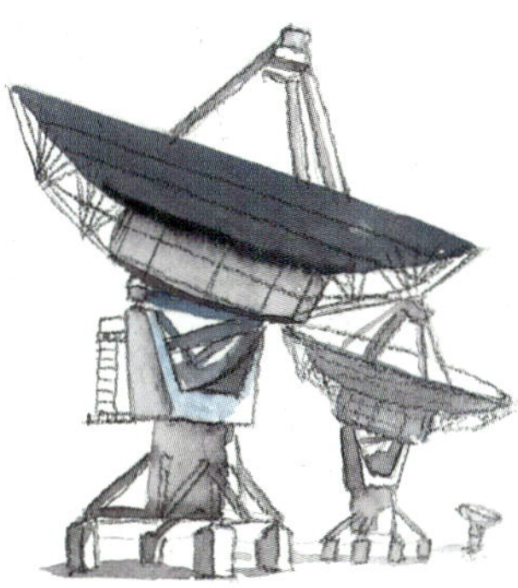

Der größte Radiospiegel, das schüsselförmige Arecibo-Radioteleskop, steht auf Puerto Rico (eine Insel der Antillen) und hat einen Durchmesser von 305 Meter. Er ist allerdings nicht beweglich. Große Radioteleskope fangen nicht nur die Strahlung auf, die Sterne neben dem sichtbaren Licht ausstrahlen, sondern sie „sehen“ auch schärfer.

Arecibo-Radioteleskop in Puerto Rico

Statt ein Teleskop von riesigen Ausmaßen zu bauen, wird eine viel einfachere Methode angewendet, um möglichst viele Radiowellen aufzufangen: Man nimmt die Radiowellen mit mehreren Teleskopen an verschiedenen Stellen der Erde gleichzeitig auf. Zusammen ergeben ihre Signale ein so scharfes Bild, dass man einen Fußball auf dem Mond entdecken könnte.

Mehrere Radioteleskope bilden ein Riesenteleskop

So kann man sich ein schwarzes Loch vorstellen – natürlich könnte sich kein Mensch in seiner Nähe aufhalten

Am Ende der Entwicklung eines Sternes steht manchmal eines der großen Geheimnisse des Universums. Wenn eine zum Neutronenstern gewordene Sonne mehr als 2-mal die Masse unserer Sonne besitzt, stürzt er in sich zusammen und es entsteht ein Gebilde, dessen riesige Masse zu einem winzigen Gebilde zusammengepresst ist. Ein schwarzes Loch ist so schwer, dass seine Anziehungskraft ausreicht, Lichtstrahlen von ihrer geraden Bahn abzulenken oder sogar einzufangen. Nahe einem schwarzen Loch würde eine Taschenlampe im Bogen leuchten (wie auf der Abbildung zu sehen). Kein einziger Lichtstrahl, den das schwarze Loch eingefangen hat, kann es je wieder verlassen. Kein Licht aus seinem Inneren dringt nach außen und es ist daher für uns unsichtbar.

Nichts kann einem schwarzen Loch wieder entkommen. Über einer bestimmten Grenzlinie, dem so genannten *Schwarzschild-Radius*, kann keinerlei Materie oder Information nach außen gelangen. Eine Rakete, die sich dem schwarzen Loch nähert würde noch im Anflug von der Schwerkraft zerrissen. Ein schwarzes Loch kann Planeten und ganze Sonnen einsaugen. Seine Anziehungskraft beschleunigt sie dabei nahezu auf Lichtgeschwindigkeit. Die Folge davon ist, dass in seinem Inneren sogar die Zeit stillzustehen scheint.
Die vom schwarzen Loch angesaugte Materie sammelt sich in einer Spirale um das Loch und stürzt nach und nach hinein. Dabei stößt sie sozusagen einen „Todesschrei" aus: Bei ihrer Zerstörung sendet sie Röntgenstrahlen in den Weltraum.

Diese Strahlung stellt für die Astronomie einen der wenigen Wege dar, ein schwarzes Loch zu beobachten. Andere Hinweise auf ein schwarzes Loch könnten auch Doppelsternsysteme geben, bei dem einer der Partner ein schwarzes Loch ist. Ein solches Gebilde würde ebenfalls starke Röntgenstrahlung abgeben. Eine Röntgenquelle im Sternbild **Cygnus** könnte ein solches Objekt sein. Zahlreiche andere Röntgenquellen kommen ebensfalls in Frage. Von einer im Bereich des Lichtes unsichtbaren Röntgenquelle glauben die Wissenschaftler sogar, dass es sich um ein Doppelsternsystem aus 2 schwarzen Löchern handeln könnte. Was jedoch im Inneren eines schwarzen Lochs geschieht, wird den Menschen vermutlich für immer verborgen bleiben. Kein Material kann den dort herrschenden Bedingungen widerstehen, kein Mensch würde auch nur eine Annäherung überleben. Wissenschaftler vermuten aber, dass man eine andere Region des Weltalls oder sogar ein anderes Universum erreichen würde, könnte man durch ein schwarzes Loch reisen. Es gibt kein Objekt im Weltraum, von dem die Wissenschaft mit absoluter Sicherheit sagen könnte, dass es sich um ein schwarzes Loch handelt. Die tatsächliche „Entdeckung“ steht also noch aus. Eine theoretische Voraussage, dass schwarze Löcher existieren müssten, wagte bereits der Philosoph **Pierre Simon Laplace** – im Jahr 1798.

Die große Karte der Raumfahrt

Die wichtigsten Raumstationen und Forschungssonden zur Erkundung des Sonnensystems

Der erste **Spaceshuttle** startete 1981 in eine Umlaufbahn um die Erde. Bis heute sind zahlreiche Raumflüge mit der Raumfähre unternommen worden. 6 Astronauten haben darin Platz. In der Ladebucht können neben wissenschaftlichen Instrumenten für Experimente auch Satelliten befördert werden. Die Astronauten setzen sie später im All aus oder reparieren defekte Satelliten.

Die bislang größte Raumstation **Mir** wurde 1986 ins All gebracht und umkreiste bis 1999 die Erde. Sie diente als fliegendes Weltraumlabor, an das Versorgungsraketen ankoppeln konnten. Nachfolger der russischen **Mir** wird die internationale Raumstation **ISS** sein, mit deren Bau 1998 begonnen wurde. 16 Staaten sind beteiligt, 2004 soll sie fertig gestellt sein.

Die Sonde **Mariner 10** erreichte 1974 den Merkur und funkte die ersten Nahaufnahmen von der mondähnlichen Oberfläche des sonnennächsten Planeten zur Erde, nachdem sie zunächst an der Venus vorbeigeflogen war. Bei diesem Vorbeiflug erhielt die Sonde durch die Schwerkraft der Venus zusätzlichen Schwung. Der Flug der Sonde zum Merkur dauerte dennoch einige Monate.

Die Marssonden **Viking 1** und **Viking 2** setzten im Jahr 1976 Landekapseln auf dem Mars ab. 1997 setzte die Marssonde **Pathfinder** das erste Marsmobil, den **Sojourner**, auf der Oberfläche ab. Die Sonden lieferten überraschende Bilder: Es gibt Landschaften, die aussehen wie ausgetrocknete Flusstäler. Vielleicht hat es auf dem Mars einmal Wasser, die Voraussetzung für Leben, gegeben.

Die Raumsonde **Venera 7** landete als erster Flugkörper auf der Oberfläche der Venus. Sie funkte etwa eine halbe Stunde lang Messdaten zur Erde. Die früheren Sonden, die diesen Planeten erkunden sollten, waren auf die enorme Hitze und den hohen Druck (90-mal stärker als auf der Erde!) nicht vorbereitet. Sie versagten bereits vor der Landung oder verglühten in der Atmosphäre der Venus.

Die Sonden **Pioneer 10** und **Pioneer 11** gehören zu den ältesten Raumsonden. Sie durchquerten den Planetoidengürtel zwischen Mars und Jupiter und erreichten danach die Riesenplaneten Jupiter und Saturn. Ein befürchteter Zusammenstoß mit einem Planetoiden fiel glücklicherweise aus. **Pioneer 10** lieferte fantastische Nahaufnahmen vom Planeten Jupiter und setzte dann ihren Flug fort.

Die **Galileo**-Sonde startete 1989 zum Jupiter. Nach einer 6-jährigen Reise schickte **Galileo** eine Instrumentenkapsel zu dem Riesenplaneten aus und schwenkte in eine Umlaufbahn um Jupiter ein. Von dort empfing die Sonde die Funksignale der Kapsel bei ihrem Fall in die Atmosphäre des Jupiter und leitete diese zur Erde weiter. **Galilieo** umkreist die Jupitermonde Callisto und Europa.

Im Jahr 1977 wurden zwei Raumsonden auf eine Expedition zu den Planeten Jupiter und Saturn entsandt. Nach 2 Jahren erreichten sie den Jupiter und 1981 den Saturn. 1986 flog **Voyager 2** dann am Uranus vorbei. 3 Jahre später erreichte die Sonde den Planeten Neptun. Seitdem bewegt sich die Sonde, zu der noch immer Funkkontakt besteht, auf die Grenze unseres Sonnensystems zu.

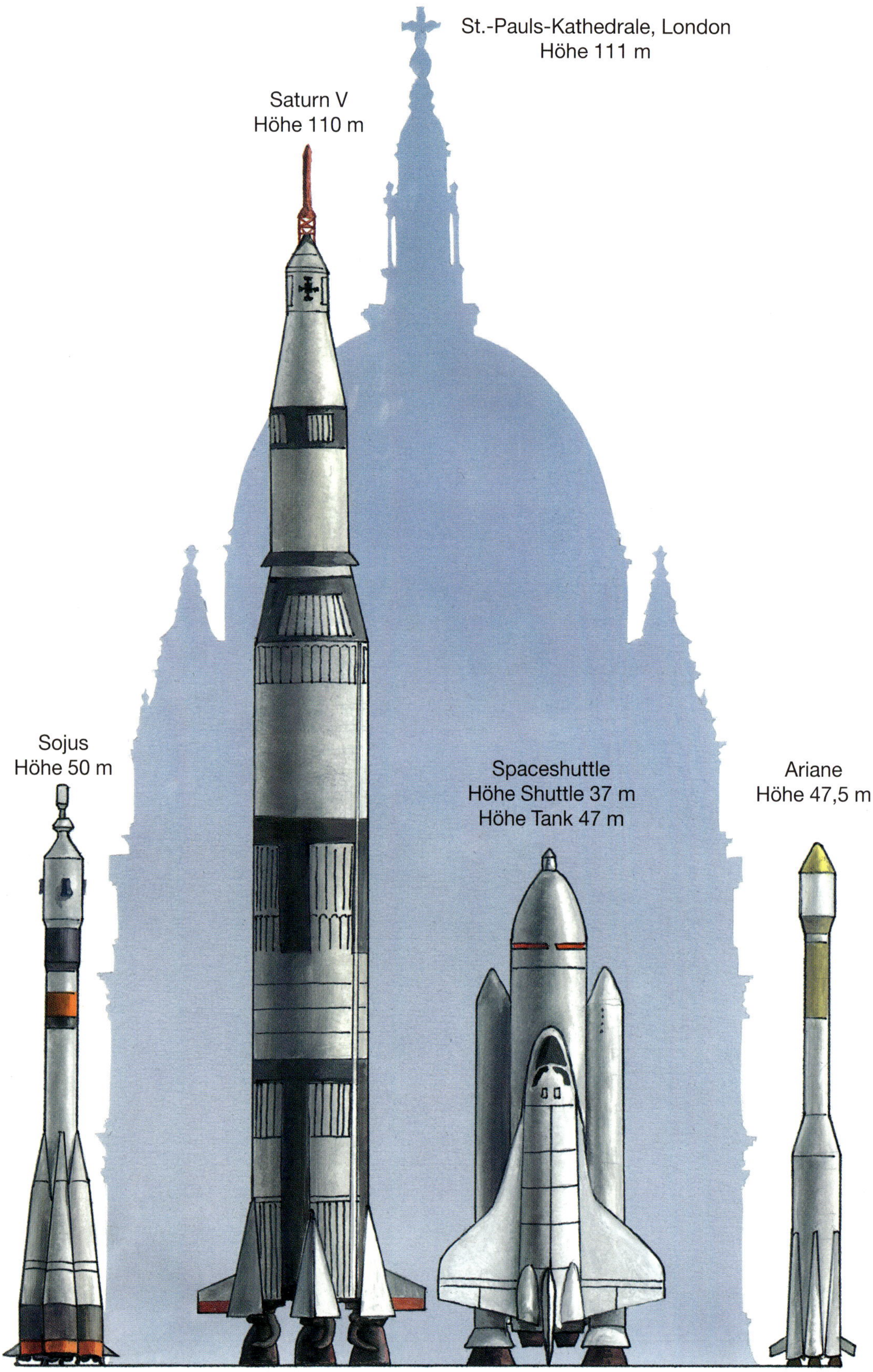

Unterschiedliche Raketen im Größenvergleich

Sojus
Die erste **Sojus**-Rakete trug zum ersten Mal einen Menschen in den Weltraum. Sie ist die Trägerrakete für die Sojus-Raumschiffe und 50 Meter hoch. Beim Start wiegt sie 300 Tonnen und ist damit etwa so schwer wie 3 Diesellokomotiven. Ihr Startgelände ist das Raumfahrtzentrum Baikonur in Kasachstan (ehemalige Sowjetunion).

Saturn (Apollo-Mondflug-Programm)
Mit der **Saturn**-Rakete gelang der erste bemannte Flug zum Mond. Mit einer Raumkapsel an der Spitze ist die **Saturn V** 110 Meter hoch und damit nur wenig kleiner als die Sankt-Pauls-Kathedrale in London. Sie besteht aus 3 Stufen, die alle mit flüssigen Brennstoffen angetrieben werden. Voll betankt hat sie das Gewicht von 25 Lokomotiven.

Spaceshuttle
Während eine Rakete bei ihrem Flug verloren geht, kann die Raumfähre **Spaceshuttle** mehrfach verwendet werden. Sie startet mit einem eigenen Triebwerk. Der Treibstoff dazu kommt aus einem riesigen Zusatztank, der die Raumfähre weit überragt. An diesem Tank sind außerdem 2 zusätzliche Startraketen montiert. In ihrer Ladebucht kann die Raumfähre Messinstrumente und Satelliten bis zu einem Gewicht von 20 Tonnen transportieren.

Ariane
Die **Ariane**-Rakete wurde in Europa entwickelt, um Satelliten in den Weltraum zu befördern. Zusatzraketen, die um das Triebwerk angeordnet werden, können die Antriebskraft der 3-stufigen Rakete verstärken.

Start von Apollo 15

Der Count-down läuft:
3 – 2 – 1 – 0 – Zündung und Start! Unter ohrenbetäubendem Getöse stößt die Rakete einen grell leuchtenden Feuerstrahl aus und ist sofort von mächtigen Dampf- und Gaswolken eingehüllt. Langsam hebt sich der schwere, turmhohe Körper daraus empor, scheint einen Augenblick in der Luft stillzustehen und steigt dann immer schneller auf. Die Rakete fliegt höher und höher und entschwindet langsam den Blicken der Zuschauer. Schließlich ist nur noch ihr glühender Feuerstrahl zu sehen …

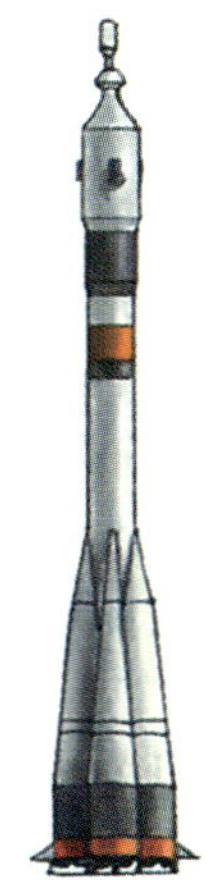

Der Trick mit den Stufen
Um mit einer Rakete die Anziehungskraft der Erde zu überwinden, zündet man Treibstoffe, die unter hohem Druck verbrennen. Die dabei entstehenden Gase strömen mit hoher Geschwindigkeit (bis zu 5 Kilometer in der Sekunde!) durch die Düsen aus und bewirken einen Rückstoß. Da eine Rakete den gesamten Brennstoff in riesigen Tanks mitführen muss, ist ihr Gewicht groß – zu groß, um die gesamte Rakete in eine Umlaufbahn um die Erde oder in den Weltraum zu schießen.
Daher baut man Raketen in mehreren Stufen, vergleichbar mit den Stockwerken eines Hochhauses übereinander. Die untere Stufe wird zuerst gezündet. Wenn sie ausgebrannt ist, wird sie abgetrennt und fällt ins Meer oder landet, durch Fallschirme gebremst, auf der Erde. Die übrigen ausgebrannten Stufen werden ebenfalls abgestoßen. Sie verglühen beim Absturz in der Atmosphäre. So muss nur die letzte Stufe die erforderliche Höhe und Endgeschwindigkeit erreichen, um eine Raumkapsel oder einen Satelliten auszusetzen. Trotz der Stufentechnik muss eine Rakete etwa das 50fache Gewicht an Treibstoff verbrennen, um eine Last gegen die Anziehungskraft der Erde in den Weltraum zu schießen.
Ein gewaltiger Aufwand.

Nachtstart einer Sojus-Rakete

Mondlandung

Apollo in der Mondumlaufbahn

8 Jahre nach dem ersten bemannten Raumflug von Juri Gagarin startete **Apollo 11**, ein Unternehmen, das zur Landung auf dem Mond führen sollte. Die mächtige Saturn-V-Rakete brachte das Raumschiff und die 3 Astronauten **Aldrin, Armstrong** und **Collins** bereits nach 12 Minuten in eine Kreisbahn um die Erde. Die Triebwerke der nicht abgeworfenen dritten Stufe wurden erneut gezündet und beschleunigten das Raumschiff auf dem mehr als 300 000 Kilometer langen Weg zum Mond. Der Flug dauerte knapp 4 Tage. Dann schwenkte das Raumschiff in eine Umlaufbahn in einer Höhe von 100 Kilometer über der Mondoberfläche ein.

Die Mondlandefähre

Die Astronauten Armstrong und Aldrin kletterten in die Mondlandefähre und koppelten sich nach dem dreizehnten Mondumlauf vom Raumschiff ab, in dem der Astronaut Collins zurückblieb.
Zunächst umflogen sie den Mond auf einer elliptischen Bahn, bevor sie im niedrigsten Punkt dieser Umlaufbahn, 14 Kilometer über dem Boden, die Bremsraketen zündeten. Da der Bordcomputer ausfiel, steuerten sie die Mondfähre selbst. Unmittelbar vor der Landung mussten sie noch einen Krater überfliegen, bevor sie auf dem Mondboden aufsetzten.

Astronaut Aldrin auf dem Mond

Die Astronauten bauten Versuche auf, führten Messungen durch und sammelten Mondgestein. Sie fotografierten die Landschaft des Mondes und sahen die Erde am Mondhorizont untergehen. Wegen der geringen Anziehungskraft des Mondes konnten sie meterhohe Sprünge machen. Nach 5 Stunden starteten sie wieder mit der Fähre und koppelten 2 Stunden später an das Raumschiff an. Bevor sie die Triebwerke für den Rückflug zur Erde zündeten, stießen sie die Mondfähre ab. Später wurde auch die ausgebrannte Triebwerkseinheit abgestoßen, sodass nur die kleine Kommandokapsel mit den Astronauten in die Erdatmosphäre eintauchte. 12 Tage nach dem Start landeten sie wieder wohlbehalten auf der Erde.

Das Mondauto

Bei 5 weiteren Flügen hielten sich Astronauten bis zu 22 Stunden auf dem Mond auf und entfernten sich mit einem von 4 Elektromotoren angetriebenen Mondauto bis zu 30 Kilometer von der Fähre. Die Landung auf dem Mond ist bisher der Höhepunkt der bemannten Raumfahrt. Ist der nächste Schritt vielleicht die Landung von Menschen auf dem Mars?

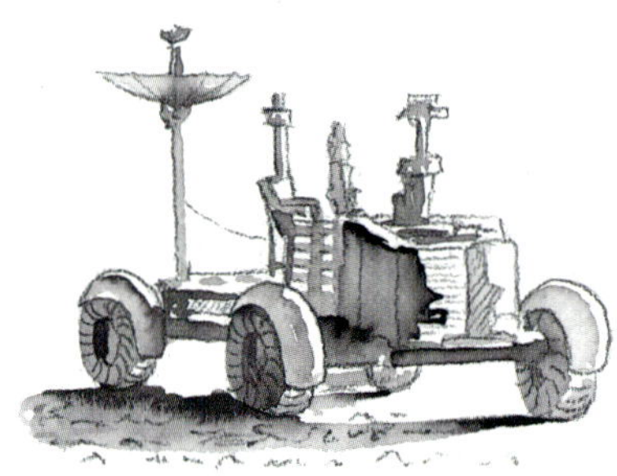

Sind die Planeten erreichbar?

Ist die Landung auf einem anderen Planeten überhaupt möglich? Selbst der nächste Planet Mars ist mehr als 100-mal weiter von uns entfernt als der Mond. Der Flug zu diesem Planeten würde etwa 9 Monate lang dauern. Dafür würde viel Energie und damit Treibstoff benötigt. Entsprechend groß müsste eine Rakete sein, wenn sie von der Erde aus starten würde.

Raumtransporter Spaceshuttle

Für ein solches Unternehmen ist die Schwerkraft unseres Planeten zu stark. Deshalb müsste ein Raumschiff von dieser Größe im Weltraum zusammengebaut werden. Es wären eine große Raumstation und etwa 100 Flüge mit einem Spaceshuttle nötig, allein um die für den Bau eines solchen Raumschiffs benötigten Teile in den Weltraum zu bringen.

Die Raumstation Mir

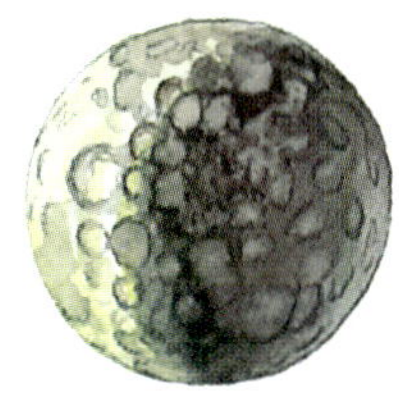

Eine große Weltraumstation, vielleicht sogar eine Stadt im All, ist eine reizvolle Zukunftsvorstellung. In einem äußeren Ring, der rotiert und so durch die Fliehkraft eine künstliche Schwerkraft erzeugt, könnten die Menschen leben, wie sie es von der Erde gewohnt sind. Im inneren, schwerelosen Bereich wäre es möglich, an der Erforschung des Weltraums zu arbeiten.

Die unbemannte Raumsonde Viking auf dem Mars

Die Energie dazu würden riesige Solarzellen liefern, während Pflanzen Luft und Wasser auf der Raumstation immer wieder erneuern könnten. Wir würden auch dazulernen, wie Menschen mit begrenzten Nahrungsvorräten auskommen. Auch die Forschung für das Leben auf unserem „Raumschiff Erde“ würde dadurch an Bedeutung gewinnen.

Zukunftsvision Weltraumstadt

Die Geschichte der Astronomie – die Kulturen des Altertums

Schon immer hat der Sternhimmel die Menschen fasziniert. Bereits in der **Steinzeit** richteten die Urvölker die Gräber ihrer Verstorbenen nach bestimmten Himmelsrichtungen aus. Sie beobachteten den Lauf der Sonne und der Gestirne, kannten die Mondphasen und hielten Sonnen- und Mondfinsternisse für Erscheinungsformen ihrer Götter.

Die ersten Astronomen beobachteten den Sternhimmel ohne Fernrohre. Vor 5500 Jahren errichteten die Menschen große Steinringe, deren Einzelsteine bestimmte Ereignisse des Himmels markierten. So zeigt der Fersenstein in **Stonehenge** den Sonnenaufgang zur Zeit der Sommersonnenwende an.

Süd- und mittelamerikanische Kulturen wie die **Azteken, Inka** und **Maya** errichteten Tempelanlagen, die nach astronomischen Messungen ausgerichtet waren und häufig die Anlage von Städten prägten. So lag im Zentrum der Inka-Stadt Cuzco der Sonnentempel „Coricancha", von dem 41 Linien wie die Strahlen der Sonne zum Horizont verliefen. Auch Machu Picchu, Sonnenstadt der Inka, wurde nach einem ähnlichen Plan errichtet. Der Herrscher des Reiches, der Inka, galt als „Sohn der Sonne". Die Milchstraße sahen die Inka als „himmlischen Fluss" an, der mit den Flüssen der Erde in Verbindung stand. Ihre Sternbilder wurden nicht von den Sternen geformt, sondern bildeten sich aus den Dunkelwolken der Milchstraße. Es gab eine „Dunkle Schlange" und ein „Schwarzes Lama". Da das Reich der Inka nahe dem Äquator lag, gab es zwei besondere Tage im Jahr: Die Sonne stand mittags genau senkrecht am Himmel, sodass ein in den Boden gesteckter Stab keinen Schatten warf. Nach diesen Tagen – 13. Februar und 30. Oktober nach unserer Zeitrechnung – richteten die Inka ihren Kalender und ihren Lebensrhythmus aus. So wurde zum Beispiel auch der Zeitpunkt der Aussaat nach der Stellung der Sonne bestimmt. Die Maya waren bereits in der Lage, himmlische Ereignisse wie die Finsternis von Sonne und Mond auf den Tag und die Stunde genau vorherzusagen.

Die **Ägypter** richteten ihr Leben nach den Erscheinungen am Sternhimmel. Wenn im Frühjahr der Stern Sirius morgens am Horizont erschien, wussten sie, dass der Nil bald wieder Hochwasser führen würde. Sie errichteten viele ihrer Gebäude, auch die Pyramiden, nach den ihnen bekannten Maßen und

Sonnenfinsternis in der Urzeit

Sonnentempel der Azteken

Stonehenge, Kultstätte und Observatorium

Die ägyptischen Pyramiden wurden nach der Sonne ausgerichtet

Gesetzen der Astronomie. Priester beobachteten die Sterne, um die Nordausrichtung der Pyramiden berechnen zu können.
Die **Griechen** bauten ihr astronomisches Wissen auf dem der Babylonier auf. Sie erklärten das Weltall als ein System festgelegter und vollkommener Kreise. In der Mitte stand die unbewegliche Erde, umkreist von den übrigen Himmelskörpern auf kristallenen Kugelschalen. Aristarchos von Samos behauptete allerdings schon, dass sich die Erde und die Planeten um die Sonne bewegten.
Im **Mittelalter** glaubten viele Gelehrte an ein Sphärenmodell der Welt. Kugelförmige Schalen, an denen die Himmelskörper befestigt waren, umschlossen die flache Erde. Die einzelnen Schalen waren den Elementen Erde, Wasser, Luft und Feuer zugeordnet und in der Reihenfolge ihrer Schwere angeordnet. Das Universum hatte in dieser Vorstellung Kugelgestalt und den Mittelpunkt bildete die Erdscheibe.
Vor mehreren tausend Jahren begannen die Menschen, Gruppen von Sternen Bilder und Namen zuzuordnen. Diese Sternbilder halfen ihnen, auch auf See oder in der Wüste den richtigen Weg zu finden. Allerdings haben die Sterne eines Sternbildes nichts miteinander zu tun. Sie liegen nur, von der Erde aus gesehen, ungefähr in derselben Richtung.

Machu Picchu

Die mittelalterliche Welt

Das Sternbild Großer Wagen

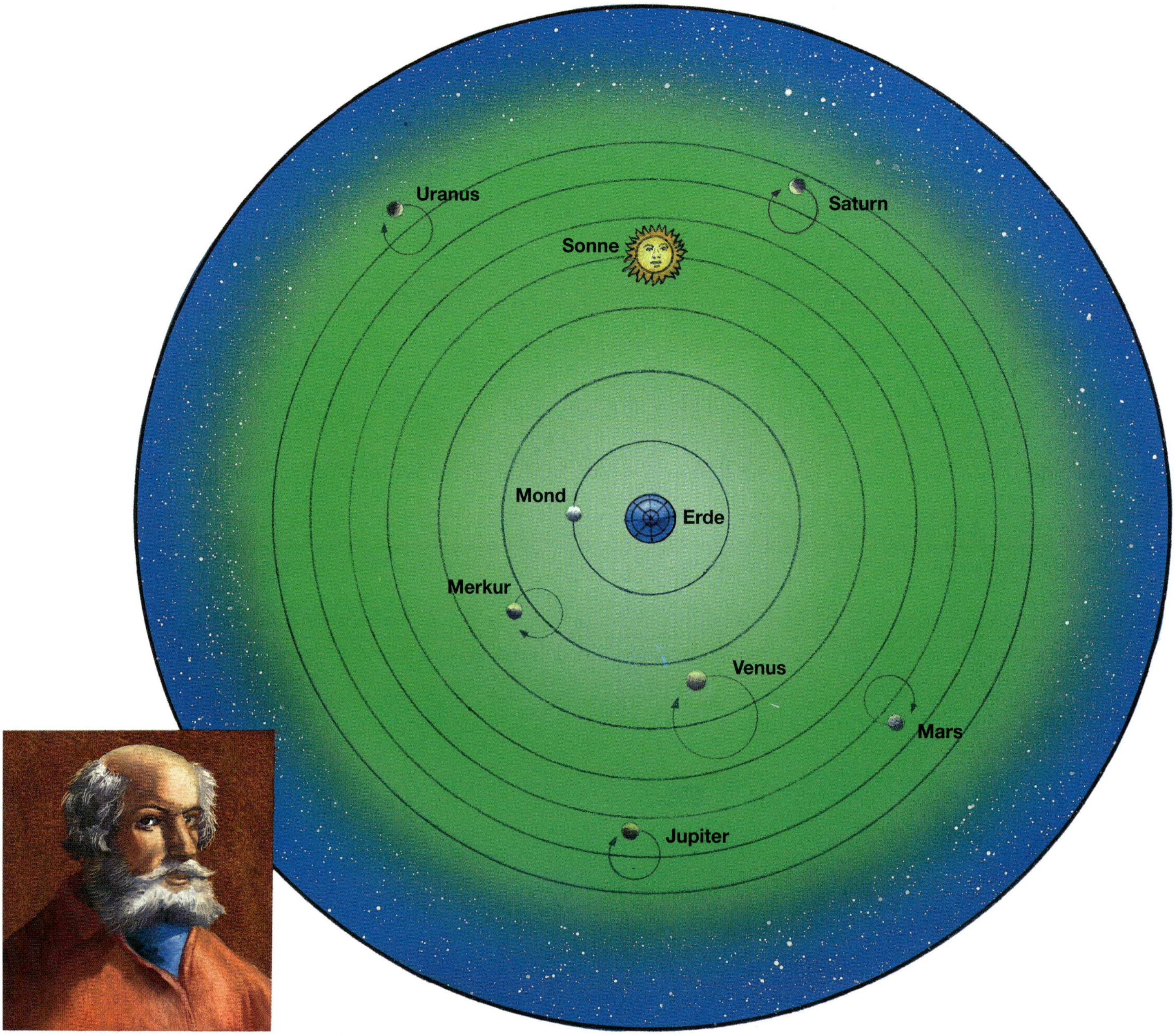

Ptolemäus und sein Weltsystem

Weshalb geht die Sonne jeden Morgen im Osten auf und jeden Abend im Westen unter? Was bewegt den Mond und die Sterne auf ihrer Bahn? Jahrtausendelang hatten die Menschen versucht diese Fragen zu beantworten. Für den in Ägypten geborenen griechischen Mathematiker und Astronomen **Claudius Ptolemäus** (etwa 100–160 n. Chr.) war die Erde der ruhende Mittelpunkt der Welt. Für ihn war der Sternhimmel eine hohle Kugel, in deren Mittelpunkt die Erde stand. Doch hatte dieses Weltbild einen schwer wiegenden Fehler: Ptolemäus konnte die komplizierten Bewegungen der Planeten am Himmel zunächst nicht erklären. Deshalb bauten die Gelehrten, die das System des Ptolemäus für richtig hielten, es fortwährend aus. Sie benutzten dazu Hilfskreise, die wie Räder eines Uhrwerks ineinander griffen. Schließlich entstand eine komplizierte „Weltmaschine“ aus 40 ineinander verschlungenen Kreisen, auf denen sich die Himmelskörper bewegten. Dennoch konnte das System nicht alle Erscheinungen des Sternhimmels widerspruchsfrei deuten. Trotz dieser Mängel war das Weltbild des Ptolemäus über ein Jahrtausend lang die gültige Lehre der Astronomie.

Claudius Ptolemäus lebte um 140 nach Christus in der griechischen Stadt Alexandria, die heute in Ägypten liegt. Seine Ansicht über den Aufbau der Welt schrieb er in seinem Hauptwerk mit dem Titel „Almagest“ nieder. Auch als Geograf war der Gelehrte tätig: Lange Zeit war seine Anleitung zum Kartenzeichnen in Gebrauch, die die Erde in Länge- und Breitengrade einteilte.

Kopernikus und sein Weltsystem

Nikolaus Kopernikus (1473–1543) veränderte die Sicht der Welt radikal. Er stellte die Sonne in den Mittelpunkt des Universums. Bereits im Jahr 1504 machte er einigen seiner Kollegen ein Manuskript zugänglich, in dem er ein neues Weltsystem erklärte. Doch Kopernikus hatte Bedenken es zu veröffentlichen, weil er große Auseinandersetzungen mit der herrschenden Lehre seiner Zeit befürchtete. Wichtige Denker dieser Zeit und vor allem die katholische Kirche vertraten nämlich die Ansicht, dass die Erde das Zentrum des Universums sein müsse. Diese Haltung begründeten sie mit der besonderen und bevorzugten Stellung, die Gott den Menschen zugewiesen hatte. Die Vorstellung von der Erde irgendwo im All kam daher einer Gotteslästerung gleich.

Mit seinen Befürchtungen sollte Kopernikus Recht behalten. Als der Gelehrte **Johannes Kepler** (1571–1639) die Theorie des Kopernikus durch genauere Berechnungen der Planetenbahnen verfeinerte, sah er sich schweren Angriffen durch die Wissenschaftler, Staat und Kirche ausgesetzt. So wurde ihm wegen seiner Ansichten in seiner Heimatstadt Weil eine Einstellung in den Kirchendienst verwehrt. Keplers Schicksal war für seine Zeit nicht ungewöhnlich: Forscher, welche die Lehren des Kopernikus vertraten, wurden mit Unterrichtsverbot und anderen Strafen bis hin zu schwerem Kerker belegt.

Johannes Kepler

Johannes Keplers Lehrmeister Tycho Brahe (1546–1601), der am Kaiserhof in Prag arbeitende dänische Astronom, hatte den ersten genauen Sternkatalog zusammengestellt. Er hinterließ Kepler Aufzeichnungen über genaue Positionen des Mars. Kepler deutete die darin enthaltenen Bahnmessungen und entdeckte die Gesetze der Planetenbewegungen. Unter anderem erkannte Kepler, dass sich die Planeten nicht auf Kreisen, sondern auf Ellipsenbahnen um die Sonne bewegten. Seine Berechnungen ergaben auch, dass sich die inneren Planeten schnell, die weiter außen kreisenden Himmelskörper dagegen immer langsamer um die Sonne bewegen.

Galileo Galilei

Durch die Unterstützung des Gelehrten **Galileo Galilei** (1564–1642), der an der Universität Padua Mathematik und Physik unterrichtete, konnte sich das Weltsystem des Kopernikus auf lange Sicht durchsetzen.
Zunächst jedoch sahen sich seine Vertreter Verfolgungen ausgesetzt. So wurde Galilei vor ein mächtiges Gericht der katholischen Kirche, die Inquisition, gerufen. Man zwang ihn, der Lehre des Kopernikus abzuschwören. Obwohl er damit gegen seine innerste Überzeugung verstieß, tat er, was von ihm gefordert wurde. Galileo baute ein Fernrohr, das etwas 30-mal vergrößerte, und entdeckte mit seiner Hilfe 4 der Jupitermonde, die Saturnringe und die Sonnenflecken.

Die Arbeiten von Kepler und Galilei bildeten die Grundlage für die Entdeckung der Gravitation durch den englischen Physiker **Isaac Newton** (1643–1727). Seine Gesetze der Himmelsmechanik erklären unter anderem, was die Planeten auf ihren festen Bahnen hält: das Gleichgewicht zwischen der Kraft der Massenanziehung (Gravitation) und der durch die Kreisbewegung entstehenden Fliehkraft. Darüber hinaus leistete Newton weitere große Beiträge für die Wissenschaft: So wirkte er mit bei der Erforschung der Eigenschaften des Lichts und konstruierte ein leistungsfähiges Spiegelteleskop, das auch die Regionen jenseits des Saturn für die Forschung öffnen sollte.

Isaac Newton

Galileo Galilei führt dem Senat der Stadt Venedig sein Fernrohr vor

Neue Weltsysteme, die alles bisher Bekannte umstießen, gab es von nun an nicht mehr zu entwerfen. Doch mit immer besseren Instrumenten blickten die Astronomen immer tiefer ins All. Viele Jahrtausende lang hatten die Menschen am Sternhimmel nur 6 Planeten gekannt, die nach römischen Göttern benannt wurden. Saturn bildete die Grenze des Sonnensystems, dahinter folgte unbekannte Leere.
Es war der Astronom und Musiker **Friedrich Wilhelm Herschel**, der sich um das Jahr 1780 dem Bau von Teleskopen widmete und ein 15-Zentimeter-Spiegelteleskop konstruierte, das eine bis dahin unerreichte Schärfe und Auflösungskraft bot. Mit Hilfe dieses Instrumentes drang Herschel weiter in die Dunkelheit vor und entdeckte im März 1781 den siebten Planeten – Uranus.

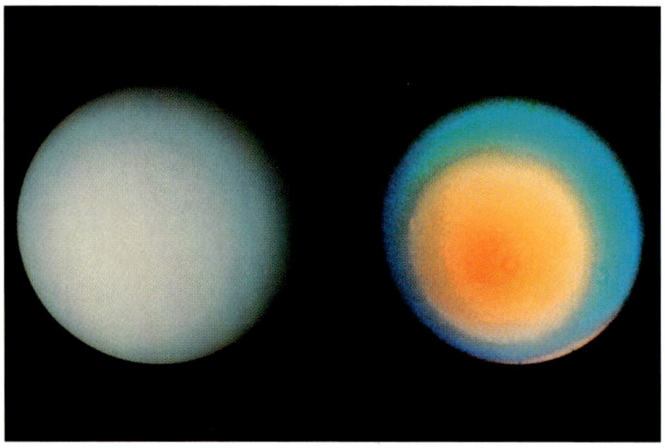
Planet Uranus

Der achte Planet wurde sozusagen auf dem Papier entdeckt. Uranus folgte keineswegs der Bahn, die sich nach den Kepler'schen Gesetzen für ihn berechnen ließ. Entweder galten diese Gesetze „draußen im All" nicht so wie in der Nähe der Sonne (was unwahrscheinlich war) oder es gab einen weiteren, achten Planeten, der Uranus aus seiner Bahn lenkte.

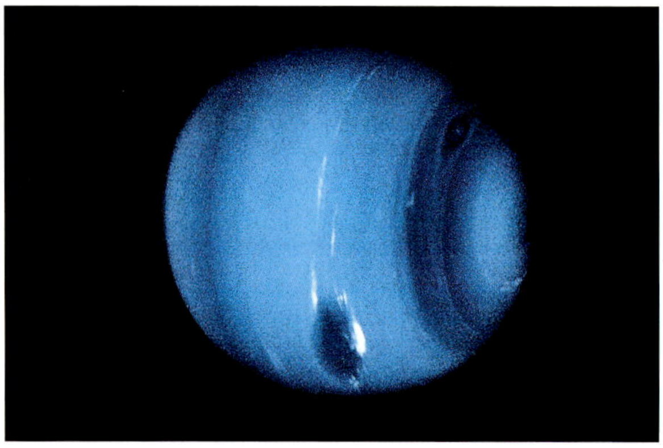
Der achte Planet – Neptun

Die Mathematiker und Astronomen **John Couch Adams** und **Jean Joseph Leverrier** errechneten unabhängig voneinander die Bahn des achten Planeten. Ihre Arbeit fand bei den Astronomen wenig Interesse. Erst am 23. September 1846 konnte Leverrier einen jungen Assistenten am Observatorium Berlin dazu bewegen, ein 23-Zentimeter-Spiegelteleskop auf den vermuteten Ort zu richten. Dieser Astronom, nämlich **Johann Gottfried Galle**, und sein Helfer, ein Student namens **Heinrich d'Arrest**, gingen als Entdecker des Neptun in die Geschichte der Astronomie ein.

Ein Observatorium (hier: Sternwarte in La Silla)

Doch dieser achte Planet warf neue Rätsel auf. Seine Masse reichte nicht aus, um die Bahnabweichung des Uranus vollständig zu erklären. Es musste einen weiteren, neunten Planeten in den Tiefen des Alls geben, den Planeten X. Der Astronom **Percival Lowell**, ein wohlhabender Mann, baute sich auf eigene Kosten ein 2200 Meter hoch gelegenes Observatorium in Flagstaff/Arizona und machte sich mit einem 63-Zentimeter-Teleskop im Jahr 1905 auf die Suche nach dem Planeten X. Er hatte keinen Erfolg. Trotz bester technischer Ausrüstung gelang es Lowell bis zu seinem Tod im Jahr 1916 nicht, den neunten Planeten zu finden.

Pluto am 9. 2. 1975

Pluto am 16. 2. 1975

Auch andere Astronomen blieben erfolglos. Gab es diesen geheimnisvollen Himmelskörper vielleicht doch nicht? Es waren die Astronomen von Lowells Observatorium, die den neunten Planeten schließlich fanden. Mit einem neuen 33-Zentimeter-Teleskop ausgestattet entdeckte ein junger Astronom im Jahr 1930 endlich den gesuchten Himmelskörper: **Clyde Tombaugh** fand auf zwei Fotoplatten ein winziges Objekt, das sich zwischen den beiden Aufnahmen bewegt hatte. Es war der Planet, der den Namen Pluto bekommen sollte. Doch auch der neunte Planet warf mehr Fragen auf, als er geklärt hatte. Auch seine Bahn wies Abweichungen auf. Wartet hinter der Bahn des Pluto ein zehnter, unbekannter Begleiter der Sonne?

Woher die Himmelskörper ihre Namen bekamen

Weshalb klingen die Namen von Sternen und anderen Himmelskörpern so altertümlich? Warum heißen Planeten und Sonnen nicht Hugo oder Erika? Die 6 Planeten, die man mit bloßem Auge sehen kann und die die Menschen schon seit vielen tausend Jahren kennen, wurden nach römischen Göttern benannt:

Merkur:	Gott der Händler und Diebe
Venus:	Göttin der Liebe
Terra:	der Planet Erde
Mars:	Gott des Krieges
Jupiter:	Göttervater
Saturn:	Vater des Jupiter
Uranus:	Vater des Saturn
Neptun:	Gott des Meeres
Pluto:	Gott der Unterwelt

Saturns größter Mond Titan wurde nach einem Geschlecht Unsterblicher bekannt, das von der Familie des Uranus abstammte. Die 5 Monde des Saturn erhielten ihre Namen nach Figuren aus der Literatur: Miranda, Oberon, Ariel und Titania stammen aus dem Werk des englischen Dichters William Shakespeare. Der fünfte Mond Umbriel ist nach einer Figur des Dichters Alexander Pope benannt. Plutos Mond Charon erhielt seinen Namen von dem finsteren Fährmann, der die Verstorbenen über den Totenfluss in den Hades, das Totenreich, brachte.

Atmosphäre: So wird die Hülle aus Gasen und Dämpfen bezeichnet, die einen Himmelskörper umgibt, wie beispielsweise die Lufthülle unserer Erde.

Atom: Atome sind die kleinsten Teilchen, aus denen sich die Materie aufbaut. Jedes der 137 bekannten Elemente baut sich aus jeweils einer Atomsorte auf.

Dunkelwolke, Dunkelnebel: Eine Wolke aus Gas und Staubteilchen im Weltraum, die Lichtwellen auffängt. Da sie das Licht dahinter befindlicher Sterne verdeckt, erscheint sie völlig dunkel und täuscht so eine sternleere Stelle vor.

Elektronen: Winzige, elektrisch geladene Teilchen, die den Kern eines Atoms umkreisen, aber auch vom Atom getrennt werden und sich losgelöst davon bewegen können.

Galaxie: Ein aus Sternen gebildetes System, das sich von anderen Sternansammlungen durch die dazwischenliegende Entfernung deutlich abgrenzt. Das nächstliegende Beispiel ist unsere Milchstraße.

Gravitation: Ist die Folge der anziehenden Kräfte zwischen den Massen. Sie wirkt sich auf der Erde als Schwerkraft aus.

Kosmos: Bezeichnet allgemein die Welt als Ganzes und ist gleichbedeutend mit Universum und Weltall.

Lichtjahr: In der Astronomie verwendete Längeneinheit für die Entfernung, die das Licht in einem Jahr zurücklegt.

Masse (von gr.: Massa = Brotteig): Ist eine allgemeine Bezeichnung für das Stoffliche der Dinge. Physikalisch sind mit der Masse zwei besondere Eigenschaften der Materie verbunden:
1. Massen ziehen sich gegenseitig an; mit größerer Masse werden diese Anziehungskräfte stärker.
2. Jede Masse ist „träge“, man braucht Kraft, um sie in Bewegung zu setzen. Einmal beschleunigt bleibt die Masse in geradliniger Bewegung, und es erfordert Kraft sie abzubremsen oder auf eine Kurvenbahn zu bringen.

Materie: Bezeichnet allgemein das, woraus alles Stoffliche (Dingliche) besteht, also feste Körper ebenso wie Gase oder Flüssigkeiten, nicht dagegen Gedanken, Träume und Ideen.

Methan: Ein Gas, das entsteht, wenn sich die Reste von Pflanzen oder Tieren zersetzen. Es bildet sich in Sümpfen (deshalb wird es auch als Sumpfgas bezeichnet), in Reisfeldern, in den Mägen der Rinder ebenso wie in Kläranlagen und Abfalldeponien.

Moleküle: Setzen sich aus Atomen zusammen und sind die kleinsten kompletten Teilchen, aus denen sich die unterschiedlichen Stoffe aufbauen.

Neutrino: Ein ungeladenes Teilchen, das keine Masse hätte, wenn es ruhen würde. Es fliegt mit Lichtgeschwindigkeit durch den Raum und legt Millionen von Kilometern zurück, ohne mit anderen Bauteilen der Materie zusammenzustoßen.

Neutronen: Neben den elektrisch geladenen Protonen sind Neutronen die ungeladenen (neutralen) Bausteine der Atomkerne.

Objekt: Ist allgemein ein Gegenstand, mit dem man sich beschäftigt. In der Astronomie werden damit Körper und Erscheinungen am Himmel bezeichnet.

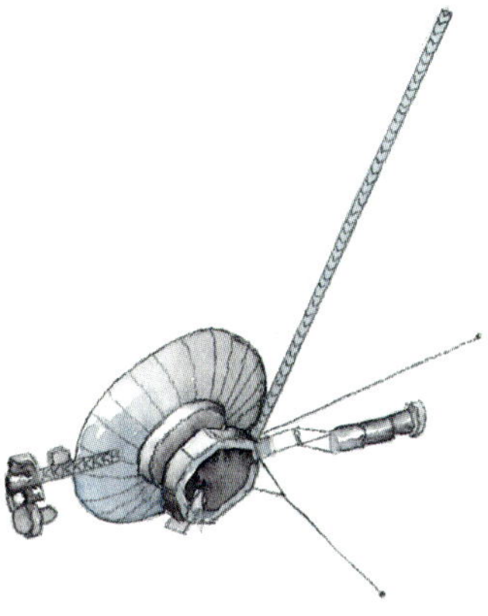

Ozon: Eine besondere Form des Sauerstoffs, bei der sich 3 Atome, statt wie beim normalen Sauerstoff 2 Atome, miteinander verbinden. Dieses Gas fängt die schädliche Ultraviolett-Strahlung der Sonne ab.

Partikel: Kleines Teilchen. Dabei kann es sich sowohl um Bausteine der Materie (Teilchen im atomaren Bereich) als auch um zusammengesetzte Teilchen wie Staubteilchen oder Gesteinssplitter handeln.

Polarlicht: Eine spezielle Lichterscheinung in den oberen Schichten der Atmosphäre, die bevorzugt in der Nähe von Nord- und Südpol beobachtet wird. Hier werden die geladenen Teilchen aus dem Weltall, insbesondere des Sonnenwindes, abgelenkt. Sie stoßen mit den Gasteilchen der Erdatmosphäre zusammen und bringen diese dabei zum Leuchten.

Pulsar: Ein sich schnell drehender Neutronenstern, der in kurzen Abständen Wellen im Radiobereich aussendet.

Roter Riese: Ein Stern am Ende seiner Entwicklung. Sein Kern zieht sich zusammen, während seine Hülle sich ausdehnt. Die niedrige Temperatur lässt ihn nur noch rot leuchten.

Sonde: Ein Instrument zum Messen und prüfen an nicht unmittelbar zugänglichen Stellen. In der Weltraumforschung bezeichnet man damit Raumflugkörper zur Erforschung unseres Sonnensystems.

Sonnenwind: Besteht aus kleinen, geladenen Teilchen wie den Kernen von Atomen und deren Bausteinen (Protonen und Elektronen), die von der Sonne in großer Anzahl und mit hoher Geschwindigkeit ausgeschleudert werden.

Weißer Zwerg: Ein kleiner, sehr dichter Stern, der zusammengefallen ist, nachdem sein Kernbrennstoff verbraucht war.

Wellen: Übertragen Energie (und Information). Sie können dabei an Materie gebunden sein wie Wasser- oder Schallwellen, bei denen Flüssigkeits- oder Luftteilchen hin und her schwingen. Bei anderen Wellen, wie zum Beispiel den Licht- und Röntgenwellen, verändern sich dagegen elektrische und magnetische Felder in schnellen Schwingungen.

Register

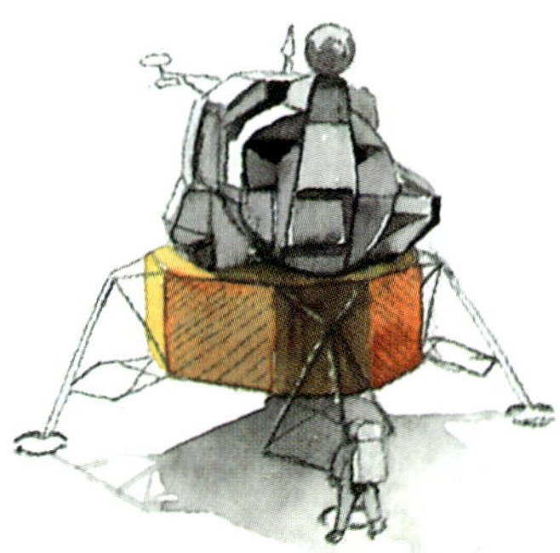

Register